手を動かしながら学ぶ

タイプスクリプト

Type Script

株式会社SmartHR
渡邉比呂樹、鴇田将克、
森本新之助 著

JN062069

C&R研究所

■権利について

● 本書に記述されている社名・製品名などは、一般に各社の商標または登録商標です。

● 本書では™、©、®は割愛しています。

■本書の内容について

● 本書は著者・編集者が実際に操作した結果を慎重に検討し、著述・編集しています。ただし、本書の記述内容に関わる運用結果にまつわるあらゆる損害・障害につきましては、責任を負いませんのであらかじめご了承ください。

● 本書についての注意事項などを5ページに記載しております。本書をご利用いただく前に必ずお読みください。

● 本書については2021年9月現在の情報を基に記載しています。

■サンプルについて

● 本書で紹介しているサンプルコードは、GitHubからダウンロードすることができます。詳しくは5ページを参照してください。

● サンプルコードの動作などについては、著者・編集者が慎重に確認しております。ただし、サンプルコードの運用結果にまつわるあらゆる損害・障害につきましては、責任を負いませんのであらかじめご了承ください。

●本書の内容についてのお問い合わせについて

　この度はC&R研究所の書籍をお買いあげいただきましてありがとうございます。本書の内容に関するお問い合わせは、「書名」「該当するページ番号」「返信先」を必ず明記の上、C&R研究所のホームページ(https://www.c-r.com/)の右上の「お問い合わせ」をクリックし、専用フォームからお送りいただくか、FAXまたは郵送で次の宛先までお送りください。お電話でのお問い合わせや本書の内容とは直接的に関係のない事柄に関するご質問にはお答えできませんので、あらかじめご了承ください。

〒950-3122 新潟県新潟市北区西名目所4083-6　株式会社 C&R研究所　編集部
FAX 025-258-2801
『手を動かしながら学ぶ TypeScript』サポート係

● PROLOGUE

本書を手にとっていただきありがとうございます。

本書は、タイトルの通り「手を動かしながらTypeScriptを学ぶ」というコンセプトで書かれたものです。対象読者としては、「JavaScript開発の経験はあるが、TypeScriptについてはこれから学ぼうと思っている」といったような方です。そのため、ある程度のJavaScriptの知識があることを前提としています。

また、全体の構成としては、次のように前半部分でTypeScriptの基礎について学び、それ以降はすべて「実際に動くものを作ってみる」という内容となっています。

- CHAPTER 01　TypeScriptの概要
- CHAPTER 02　基本的なシンタックス
- CHAPTER 03　Node.jsで動くアプリケーションを作ってみよう
- CHAPTER 04　ブラウザで動くアプリケーションを作ってみよう
- CHAPTER 05　ReactのUIライブラリを作ってみよう
- APPENDIX　TypeScriptの型や構文

このような構成にした理由は2つあります。

1つ目は、TypeScriptでのコードの書き出し方に慣れてほしいからです。TypeScriptに限らずどんな言語もそうですが、断片的なコードだけを眺めても、実際に書くコードの全体像はなかなか見えてきません。1つのアプリケーションの中でTypeScriptがどのように組み込まれていくかは、やはり実際にゼロから動くものを作って把握していく必要があるでしょう。

2つ目は、TypeScriptをどのように使うと効果的なのかについて知ってほしいからです。TypeScriptの公式ドキュメントは非常に充実していて、ドキュメントを参照するだけでもある程度の使い方は理解できるかもしれません。しかし、一方で、シンタックスだけ理解しても、その活かし方を知らなければ片手落ちといったところで、コードを書くことはできても、「良いコード」を書くことは難しいでしょう。TypeScriptにおいては、その仕組みや機能をどれだけうまく使うかによって、成果物としてのコードの堅牢性には大きく差が出てきます。実際のユースケースに沿って学んでいくことで、TypeScriptの強みを生かしたコードとはどういうものなのかを理解していきましょう。

本書を1冊通して学習し、「TypeScriptの勘所」が身に付けば、後は自走していけるようになっているはずです。そうなったときは、より辞書的に使えるような、さらに深い機能や仕様まで詳細に解説した書籍などを手にとってみるとよいかもしれません。本書を踏み台にして、より高いレベルでTypeScriptという言語に接してみてください。

　普段動的型付け言語で開発を行っているような方にとっては、はじめのうちはTypeScriptの「型システム」は余計なシンタックスが増えただけのような感覚に陥るかもしれません。しかし、本書を一通りやりきるころには、アプリケーション開発において最早それが手放せないものに感じられてくるはずです。

　ご自身でコードを書いていく中で、驚くほどTypeScriptが手に馴染んでいく感覚をぜひ味わってみてください。

2021年10月

著者一同

本書について

III 対象読者について

本書は、HTMLやCSS、JavaScriptなどの基本知識や、ある程度のフロントエンドの開発経験がある読者を対象にしています。それらの基礎知識については説明を割愛していますので、あらかじめご了承ください。

III 動作環境について

本書では執筆時点での開発環境を想定した内容になっています。基本的にはmacOS上での操作を前提としているため、他環境をお使いの方は適宜読み替えてください。

- macOS BigSur 11.2.3
- Node.js 14.7.0
- npm 6.14.5
- TypeScript 4.3.5

その他のライブラリなどの細かなバージョンについては本文に記載しています。

III ソースコードの差分について

本書ではソースコードのサンプルを記載することがあります。もとのソースコードからの変更があった場合、+ か - で行ごとに差分を記述しています。

```
  constructor(properties: { title: string }) {
    this.id = uuid()
    this.title = properties.title
-   this.status = Status.Todo
+   this.status = statusMap.todo
  }
```

III 本書に記載したソースコードの中の▼について

本書に記載したサンプルプログラムは、誌面の都合上、1つのサンプルプログラムがページをまたがって記載されていることがあります。その場合は▼の記号で、1つのコードであることを表しています。

III サンプルについて

CHAPTER 03、CHAPTER 04、CHAPTER 05で作成しているサンプルについては下記のリポジトリでソースコードを公開しています。下記のリポジトリでは、各章のディレクトリの中に各セクションのディレクトリがあります。さらに、各セクションのディレクトリ内には各ステップごとのディレクトリがあり、その中にソースコードが保存されています。

URL https://github.com/awesome-typescript-book/code-snapshot

CONTENTS

■CHAPTER 01

TypeScriptの概要

□□1　JavaScriptとECMAScript ……………………………………… 12
　▶ECMAScriptとは ……………………………………………………12
　▶ECMAScriptを意識するタイミング …………………………………13
　▶コンパイラ ………………………………………………………………14
　▶スーパーセットとしてのECMAScript ……………………………14
　▶TypeScriptとECMAScript ……………………………………………15

□□2　型とは ……………………………………………………………… 16
　▶データ型 …………………………………………………………………16
　▶型システム ………………………………………………………………16
　▶静的型付けと動的型付け ………………………………………………17

□□3　なぜTypeScriptを使うのか ……………………………………… 18
　▶安全なコードを書ける…………………………………………………18
　▶エディタの補完機能を利用できる …………………………………18
　▶導入コストの低さ ………………………………………………………18

□□4　TypeScriptのコンパイル ………………………………………… 19
　▶TypeScriptファイルの拡張子 ………………………………………19
　▶tscコマンド ……………………………………………………………19
　▶コンパイル時の設定 ……………………………………………………20
　▶tsc以外のコンパイラ……………………………………………………20

■CHAPTER 02

基本的なシンタックス

□□5　環境構築………………………………………………………………… 22
　▶インストール ……………………………………………………………22
　▶tscを動かしてみる ………………………………………………………22
　▶tsconfig.json ………………………………………………………………24

□□6　基礎的な型 ……………………………………………………………… 26
　▶型アノテーション ………………………………………………………26
　▶string型 ……………………………………………………………………27
　▶number型 …………………………………………………………………27
　▶boolean型 …………………………………………………………………29
　▶配列型 ……………………………………………………………………29
　▶undefined型／null型 ……………………………………………………30
　▶関数型 ……………………………………………………………………32
　▶object型／オブジェクト型………………………………………………34
　▶any型 ………………………………………………………………………39

□□7 interface ……………………………………………………………… 41
　▶命名規則 …………………………………………………………42
　▶関数型の宣言 ……………………………………………………42
　▶interfaceを使うメリット ……………………………………43
□□8 型推論…………………………………………………………… 44
　▶プリミティブ値の型推論 ………………………………………44
　▶配列型・オブジェクト型・関数型の型推論 ………………46
　▶式の型推論 ………………………………………………………47
　▶型推論とリテラル型 ……………………………………………49

■CHAPTER 03

Node.jsで動くアプリケーションを作ってみよう

□□9 本章で作成するサンプル …………………………………… 56
□1□ 環境構築…………………………………………………………… 58
　▶作業環境の準備 …………………………………………………58
　▶Node.js環境用のセットアップ ………………………………60
□11 対話用の関数を書いてみよう …………………………… 62
　▶printLine関数の追加…………………………………………62
　▶promptInput関数の追加 ……………………………………63
□12 ゲームの処理を書いてみよう …………………………… 65
　▶「HitAndBlow」クラスの作成 ………………………………65
　▶「HitAndBlow」クラスのリファクタリング① ……………68
　▶ゲーム開始時の処理の追加 …………………………………70
　▶ゲームのロジックの追加………………………………………71
　▶「HitAndBlow」クラスのリファクタリング② ……………73
　COLUMN JavaScriptのプライベートフィールドの提案 ……………77
　▶ゲーム終了時の処理の追加 …………………………………78
　▶バリデーションの追加 …………………………………………79
　▶モードの概念の導入 ……………………………………………80
　▶指定のモードに応じたゲームの難易度の変更 ……………82
　▶never型によるエラーの検知……………………………………83
　▶型エイリアスを使った型の表現 ……………………………86
　COLUMN interfaceと型エイリアス ……………………………………89
　▶ユーザーによるモードの選択機能……………………………92
　▶モード設定のバグ回避 …………………………………………98
　▶「promptSelect」のリファクタリング① ………………100
　▶「promptSelect」のリファクタリング② ………………105
　▶「promptSelect」のリファクタリング③ ………………106
　▶「Mode」型のリファクタリング① ………………………108
　▶「Mode」型のリファクタリング② ………………………110
　▶「Mode」型のリファクタリング③ ………………………112

☐13 ゲームの処理を汎用的にしてみよう ································ 115
▶「GameProcedure」クラスの作成① ························ 115
▶「GameProcedure」クラスの作成② ························ 117
▶ゲームを繰り返し遊ぶ機能の実装 ·························· 119
▶ゲームの選択機能の実装① ································ 121
▶ゲームの選択機能の実装② ································ 121
▶ゲームの選択機能の実装③ ································ 122
▶ゲームの選択機能の実装④ ································ 125
▶ゲームの変更機能の実装 ·································· 128
▶「GameStore」型のリファクタリング① ··················· 129
▶「GameStore」型のリファクタリング② ··················· 132
▶抽象クラス「Game」の追加 ······························ 134
COLUMN 抽象クラスのextends ···························· 138
COLUMN interfaceのimplements ························· 139

☐14 まとめ ·· 140

■CHAPTER 04

ブラウザで動くアプリケーションを作ってみよう

☐15 本章で作成するサンプルアプリ ····························· 142
▶TODOアプリの仕様 ····································· 142
☐16 環境構築 ·· 144
▶モジュール ·· 144
COLUMN export defaultは使うべきではない? ············· 146
COLUMN Node.jsでのESModulesのサポート ··············· 150
▶webpackによるモジュールの依存関係の解決 ··············· 150
▶TypeScriptの設定の詳細 ······························· 155
COLUMN ユニオン型とnull許容 ·························· 159
▶HTMLとCSSの用意 ···································· 160
☐17 汎用的な処理を書いてみよう ······························· 163
▶本節で作成する処理 ···································· 163
▶「Application」クラス ································· 163
▶「EventListener」クラス／DOM APIの型定義 ············· 165
▶「EventListener」クラス／「add」メソッド ··············· 167
▶「EventListener」クラス／「remove」メソッド ············· 169
☐18 基礎的な機能を実装してみよう ····························· 171
▶タスクの作成 ··· 171
▶「Task」クラスの作成 ·································· 173
▶外部ライブラリの使用とDefinitelyTyped ··············· 177
COLUMN 型定義があるかどうかの確認方法 ················· 179
COLUMN DefinitelyTypedがない場合 ····················· 180
▶列挙型 ·· 181

▶「TaskCollection」クラスの作成 ……………………………… 188
▶作成したタスクの描画 ……………………………………… 189
▶タスクの削除 ………………………………………………… 191
▶タスクの更新 ………………………………………………… 195
▶ドラッグ&ドロップの実装 ………………………………… 197

□19 TODOアプリの機能を作り込んでみよう ………………… 206
▶本節で追加する機能について ……………………………… 206
▶一括削除機能の作成 ………………………………………… 206
▶データの永続化 ……………………………………………… 209
▶Assertion Functions ……………………………………… 214
▶アプリ起動時のタスク一覧の表示 ………………………… 218

□20 コードをブラッシュアップさせよう …………………… 222
▶ロジックのリファクタリング ……………………………… 222
▶型定義の厳密化 ……………………………………………… 224
▶Conditional Types ………………………………………… 225
▶型定義の改善 ………………………………………………… 226

□21 まとめ ………………………………………………………… 230
▶本番用ビルド設定の追加 …………………………………… 230

■ CHAPTER 05

ReactのUIライブラリを作ってみよう

□22 環境構築 ……………………………………………………… 234
▶必要なパッケージのインストール ………………………… 234
▶ビルド設定 …………………………………………………… 235
▶Reactアプリケーションを実行する準備 ………………… 237
▶UIライブラリで利用する定数の準備 …………………… 239

□23 UIライブラリの実装 ……………………………………… 241
▶「Text」コンポーネント …………………………………… 241
COLUMN styled-components ………………………………… 246
COLUMN React.FCとReact.VFC ………………………………… 247
▶「Heading」コンポーネント ……………………………… 247
▶「Button」コンポーネント ………………………………… 251
▶「Textarea」コンポーネント ……………………………… 257
COLUMN 正確な文字数のカウント …………………………… 264
▶「Input」コンポーネント …………………………………… 265
▶「PasswordForm」コンポーネント ……………………… 268

□24 まとめ ………………………………………………………… 273
▶「Button」コンポーネント ………………………………… 273
▶「PasswordForm」コンポーネント ……………………… 273

■APPENDIX

TypeScriptの型や構文

□25　TypeScriptの型や構文の紹介 ································· 276
　　▶基本型 ·································· 276
　　▶interface ·································· 277
　　▶型エイリアス ·································· 277
　　▶Class ·································· 277
　　▶abstract／implements ·································· 278
　　▶ユニオン型 ·································· 278
　　▶never型 ·································· 278
　　▶型アサーション ·································· 279
　　▶ジェネリクス ·································· 279
　　▶タプル型 ·································· 279
　　▶typeof ·································· 280
　　▶インデックスシグネチャ ·································· 280
　　▶Mapped Types ·································· 280
　　▶keyof ·································· 280
　　▶列挙型(enum) ·································· 281
　　▶Assertion Functions ·································· 281
　　▶unknown型 ·································· 282
　　▶Conditional Types ·································· 282
　　▶Utility Types ·································· 282

●索 引 ·································· 285

CHAPTER 01

TypeScriptの概要

　実際にTypeScriptを書き始める前に、そもそもType Scriptはどういった立ち位置のプログラミング言語であるのか、そしてなぜそれを使うのか、といったところから話を始めましょう。

　Howより先にWhatやWhyを知ることで、より俯瞰的にTypeScriptというプログラミング言語を見られるようになるでしょう。

JavaScriptとECMAScript

　普段、JavaScriptを書いている方ならば、**ECMAScript**という言葉を聞いたことがある方も多いでしょう。この本はTypeScriptについて書かれたものなのだから、ECMAScriptというものに関してはなんとなく存在を知っている程度で問題はないかと思われるかもしれません。

　もちろん、ECMAScriptについて何も知らなくても、TypeScriptを書き始めることもできます。しかし、JavaScriptとECMAScript、そしてTypeScriptの三者の関係がわかっているかどうかで、TypeScriptという言語に対する解像度が違ってくるというのもまた事実です。

　ここでは、まずECMAScriptとは何なのか、JavaScriptとECMAScriptがどういった関係なのかを解説していきます。そして、その上で、改めてJavaScript、ECMAScript、TypeScriptの関係を整理し、これから我々が学ぼうとしているTypeScriptとは何者であるのかを明らかにしていきます。

▌▌▌ECMAScriptとは

　まず簡潔に定義をしておくと、**ECMAScript**というのは、Ecma Internationalという情報通信関連技術の規格策定を行う標準化団体が策定する、ECMA-262という規格に基づいて標準化されている**言語**のことを指しています。

　一般的に、ECMAScriptはJavaScriptの「言語規格」のように扱われることもありますが、厳密には規格自体はECMA-262という仕様書に書かれているものであり、ECMAScriptはその規格に則った言語そのものです。

　ECMA-262の今までの改定履歴は次のようになっています。

エディション	公開時期
1	1997年6月
2	1998年6月
3	1999年12月
4	破棄
5	2009年12月
5.1	2011年6月
6（2015）	2015年6月
7（2016）	2016年6月
8（2017）	2017年6月
9（2018）	2018年6月
10（2019）	2019年6月
11（2020）	2020年6月

ECMAScriptの文脈で、「ES2015」といった単語を聞いたことのある方も多いかもしれません。「ES」というのはECMAScriptの略で、「2015」の部分は、前ページの表でいう第6エディションのことを指しています。つまり、「ES2015」は、ECMA-262の第6エディションに基づいて標準化された言語（ECMAScript）という意味になります。

余談ですが、バージョン5以前はES5のような「ES+バージョン数」という形の通称を、バージョン6以降に関してはES2015のような「ES+リリース年」という形の通称を用いるのが一般的です。ただし、ES2015に関してのみ、昔の流れを引きずってES6と表記されるケースがよく見られます。

ECMAScriptを意識するタイミング

前述したとおり、JavaScriptのあるべき姿を示したものがECMA-262の仕様書であり、それに則って書かれる言語がECMAScriptです。つまり、ECMAScriptは、JavaScriptの言語仕様が標準化された言語といえます。

この点を考えると、ECMAScriptとJavaScriptは多くの文脈においてはイコールに近い関係となります。

これだけ聞くと、言語や実装について語る場合、多くの場面でJavaScriptという言葉で代替でき、ECMAScriptという概念を知っている必要は特にないのではないかと思われるかもしれません。

ECMAScriptは実際どのようなタイミングで意識すべきものなのでしょうか？

1つの回答としては、JavaScriptの実行環境の違いによる機能やシンタックスのサポートの差について触れるタイミングです。

ブラウザというJavaScriptの実行環境を例に取ると、Google Chrome（以下、Chrome）ではClass構文を使うことはできますが、Internet Explorerでは構文エラーとなってしまいます。

このように、同じJavaScriptでも、実行環境によって使える機能にばらつきが出てしまっているわけです。

このような実行環境による言語の機能・シンタックス解釈の差異を加味すると、言語の種類について話すときは「JavaScript」で問題ないわけですが、より詳細な機能・シンタックス的な話となると、「ECMAScriptの〇〇バージョンのxx」といった表現をする必要があるわけです。

▌▌▌ コンパイラ

JavaScriptは実行環境によってサポートされている機能が違ってしまっているという説明をしましたが、それでは結局どのバージョンのECMAScriptで書けばよいのかわからないということになってしまいます。

ブラウザ上での動作を想定した場合、ES2020で書かれたスクリプトはInternet Explorerでの実行時にエラーとなってしまいますが、かといってInternet Explorerで動かすためだけにES5で書いていくのは宝の持ち腐れというものです。

この問題を解決するのが、**コンパイラ**です。JavaScriptという言語の文脈で出てくるコンパイラとは、「特定バージョンのECMAScriptを、任意の下位バージョンのECMAScriptに変換するための仕組み」のことを指します。

モダンなJavaScriptの開発現場では、ES2015以上の記述でソースコードを書き、それらをBabelなどのツールを使って必要に応じてES5などのコードにコンパイルし、その結果を最終的なJavaScriptファイルとして扱うフローが一般的です。

▶ コンパイルとPolyfill

注意点として、コンパイルで行われていることは、あくまで「各種シンタックスをターゲットとするバージョンで有効なものに変換する」ということであって、そもそもターゲットとしているバージョンに存在しない機能に関しては何も行いません。

つまり、ES5をターゲットとした場合、ES2015以降で有効な「アロー関数式」はES5で解釈できる「function関数式」に変換されますが、同じくES2015以降で有効な「Promise」はES5で代替可能なシンタックスがあるというわけではないので、そのまま変換されずに残ってしまいます。

このように、「そもそも存在していなかった機能」を任意の環境で動かすためには、コンパイルだけでなくPolyfillを使って対応する必要があります。

▌▌▌ スーパーセットとしてのECMAScript

ECMAScriptの仕様を理解するときに重要となることが1つあります。それは、すべてのECMAScriptのバージョンは**後方互換性を保っている**ということです。

後方互換性を保っているということは、バージョンが上がった場合でも原則として使えなくなるシンタックスが出てくるということはなく、使えるシンタックスが上乗せされるだけということになります。これはつまり、ES2015ではES5のシンタックスをすべて使えますし、ES2020に関していえばES2019はもちろん、それ以前のすべてのバージョンのシンタックスを使うことができるということです。

この関係を鑑みると、**特定のバージョンのECMAScriptは、それ以前のバージョンのECMAScriptのスーパーセットである**ということができるのです。

III TypeScriptとECMAScript

さて、ここまでまったくTypeScriptの話は出てきませんでした。なぜここまで長々とECMAScriptについて説明をしてきたかというと、TypeScriptは特定のバージョンのECMAScriptのスーパーセットとしてみなすことができるからです。

どういうことでしょうか。

先ほどの説明の通り、特定のバージョンのECMAScriptは下位バージョンのECMAScriptのスーパーセットとして見ることができると説明しました。これは、たとえばES2015というプログラミング言語が、ES5が持っているすべてのシンタックスをカバーしつつ、それらに加えて、たとえばClass構文などの新しい機能を持っている言語だからです。

そして実はTypeScriptに関しても同じことが言えるのです。つまり、TypeScriptというプログラミング言語は、特定のバージョンのECMAScriptのシンタックスをすべてカバーしつつ、さらにECMAScriptにはない「型システム」などの機能を持っている言語である、ということです。

ここが非常に重要な部分で、TypeScriptという言語はECMAScriptとはまったく別の何かというわけではなく、ECMAScriptのスーパーセットなのです。だから、ECMAScriptとして策定されている仕様は原則的にすべてTypeScriptでも使用できるということになります。

ECMAScriptか、TypeScriptかといったような二項対立的な表現を見ることもあるかもしれませんが、両者は並列的な関係ではなく、包含関係にあるとみるのがより正確でしょう。

とはいえ、TypeScriptが「どの」バージョンのECMAScriptのスーパーセットであるかはTypeScriptのバージョンによるところではあるので、実際には最新バージョンのECMAScriptのシンタックスがすべて使えるわけではありません。本書執筆時点でのTypeScriptの最新バージョン4.3.5では、ECMAScript2021までのシンタックスはすべてカバーされています。

TypeScriptと聞くと、単に「型システムのあるJavaScript」といったものをイメージされる方が多いと思います。それは決して間違っていないのですが、「ECMAScriptのスーパーセット」という捉え方をしたほうが、TypeScriptという言語の立ち位置がクリアになるのではないでしょうか。

TypeScriptのコードを読んでいく中で、どれがTypeScriptのシンタックスで、どれがECMAScriptのシンタックスなのかという点を意識してみると、コードを読む際の解像度が上がってくるでしょう。

型とは

　TypeScriptという言語を簡単に表現すると、「ECMAScriptに対して静的型付けの機能を加えたスーパーセット」といえます。では静的型付けとは何か、そしてそもそも型とは何か、ということをまずは理解する必要があります。

　普段、JavaScriptに触れている方であれば、型とは何かと聞かれれば「文字列や整数のような種類を表すものである」と感覚で理解していると思います。ここではそれを感覚的にではなく論理的に理解できるよう解説します。

▌データ型

　型とは正確には**データ型**と呼ばれるものです。私たちが記述するプログラムには多くの種類の値が現れます。これらの値の種類を示して分類分けをするラベルのことを「データ型」と呼びます。

　たとえば、 `0` や `1` のような数値の値は「数値型」と分類されたり、 `'hello'` や `'good bye'` のような文字列の値は「文字列型」と分類されます。

　データ型が分類された値の特徴として「同じデータ型の値であれば同じ操作が可能である」というものがあります。たとえば、JavaScriptのStringクラスには `toUpperCase` というメソッドがあります。これは対象の文字列を大文字に変換するメソッドです。

```
console.log('hello'.toUpperCase()) // 'HELLO'
```

　`toUpperCase` は「文字列型」の値でのみ操作できるメソッドです。データ型という概念を持つことによって、「数値型」の値では `toUpperCase` というメソッドは呼べないという判断ができます。

▌型システム

　型システムとはプログラムに存在する値をデータ型で分類して、そのプログラムが正しく振る舞うことを保証する機構のことをいいます。

　先に挙げたように `toUpperCase` は文字列型の値のみ呼ぶことができ、数値型からは呼べません。この、データ型からその処理が実行できるかどうかを判断する機構が「型システム」です。

　TypeScriptでは、たとえば次のように : を使うことで変数に対してデータ型を明示できます。

```
const greeting: string = 'hello'
```

▌▌▌静的型付けと動的型付け

　型システムは**静的型付け**と**動的型付け**の2種類に分けられます。プログラムの実行前に型検査を行うのが静的型付けであり、プログラムを実行しながら型検査を行うのが動的型付けです。

　TypeScriptは静的型付け言語であり、JavaScriptは動的型付け言語です。

　動的型付け言語であるJavaScriptは、データ型としては呼べない **1.toUpperCase()** のような記述をしてブラウザで実行した場合、プログラムの実行時に型検査が行われ、TypeError（型エラー）が発生して処理が中断されてしまいます。

　静的型付け言語の場合、コンパイルの段階で型検査を行うことで、このようなデータ型的に間違った処理が実行される前にエラーを発見できます。

なぜTypeScriptを使うのか

ここまででTypeScript について簡単に説明してきました。ではなぜTypeScriptを使うのでしょうか？　TypeScriptには、次のような強力なメリットがあります。

||| 安全なコードを書ける

TypeScriptを選択する最も大きな動機となる機能が、16ページでも説明した型システムです。JavaScriptのプログラムを書く際、安全なコードを書くことは大きな課題の1つであり、コードを冗長化してしまう要因の1つでもありました。

また、万が一コード内にバグがあった場合、エラーが発見されるのは実行時なので、問題が発見されるのはデバッグ中、テスト中、あるいはユーザーが実行してはじめて発生してしまうケースもあるかもしれません。

TypeScriptでは、変数や関数の入出力、オブジェクトの構成などを型で制限でき、その正当性を機械的にチェックできます。入出力が定義した型と異なる場合、コンパイル時点でエラーを検出できるので、コードのミスによる不具合を開発時に発見でき、実行時に発見するのに比べて安全かつ効率的に開発できます。

これは、機能追加や機能の外部提供、リファクタリングなどの際に強力に威力を発揮します。広範囲に共有されているモデルのプロパティが変更されたときや、関数の入出力が変更されたとき、これらを機械的に検出できます。こういった恩恵は、コードの変更コストが大きくなりがちな大規模なアプリケーションでは特に有効になってくるでしょう。

||| エディタの補完機能を利用できる

型システムがあることによって、開発時にもその恩恵を受けられます。Microsoft社のVisual Studio Code（以下、VS Code）に代表される、TypeScriptの入力支援機能を持ったテキストエディタでは、コード入力中に型定義から推論された候補による入力補完をしてくれます。安全なコードが書ける上、コード入力自体の効率も大幅に改善できるでしょう。

||| 導入コストの低さ

導入コストの低さもメリットの1つとして挙げられます。

CoffeeScriptなどのAltJSと呼ばれるいくつかの言語は、JavaScriptと比べて文法が大きく異なるため、導入には大きな学習コストが必要でした。

これに対して、TypeScriptはJavaScriptのスーパーセットであり、また、特徴である型システムも言語仕様として強制されたものではありません。すなわち、既存のJavaScriptのコードをTypeScriptとしてコンパイルし実行しても、同じように動作します。普段、JavaScriptを書いている人にとっては、基本的な記述であれば比較的少ない学習コストで書き始められるでしょう。

TypeScriptのコンパイル

TypeScriptは、そのままではブラウザやNode.jsでは実行できません。そのため、TypeScriptのコンパイラを使ってJavaScriptに変換する必要があります。ここでは、TypeScriptを使うために必要なツールについて説明します。

▌▌▌ TypeScriptファイルの拡張子

TypeScriptのファイルはJavaScriptのファイルとは区別され、拡張子は `.ts` を使います。JavaScriptの実行環境でこれを実行するために、`.ts` ファイルを `.js` に変換する手続きが必要です。

TypeScriptはnpmでパッケージとして提供されています。

- typescript - npm

  URL https://npmjs.com/package/typescript

このパッケージをインストールすることで、TypeScriptをJavaScriptにコンパイルする機能を持った `tsc` コマンドと、エディタやIDE向けにTypeScriptの機能を提供するための `tsserver` コマンドを利用できるようになります。この `tsc` コマンドを使って `.ts` ファイルを `.js` ファイルに変換します。

▌▌▌ tscコマンド

それでは `tsc` コマンドについてもう少し詳しく見ていきましょう。

上記で説明した通り、`tsc` コマンドを使うことでTypeScriptをJavaScriptにコンパイルできます。このとき、`tsc` コマンドは主に次のような役割を果たします。

▶ 型チェック

TypeScriptのコード内に型の誤りがないかを確認します。エラーがある状態でコンパイルを実行すると、誤りを検出してコンパイルは失敗となるので、コードの誤りやミスを事前に発見できます。

● コンパイルエラー

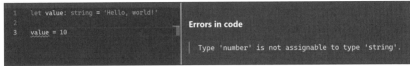

```
1   let value: string = 'Hello, world!'
2
3   value = 10
```

Errors in code

Type 'number' is not assignable to type 'string'.

▶ ECMAScript記法への変換

型アノテーションはECMAScriptの記法ではないため、コンパイル時には削除されます。型アノテーションについては、26ページで詳しく説明します。

▶任意のECMAScriptバージョンへの変換

コンパイルで出力するECMAScriptのバージョンを指定できます。最新のECMAScriptとして出力することも、モダンな機能を除いたJavaScriptとして出力することもできます。これによってTypeScriptを使って、Internet Explorerなどのレガシーなブラウザでも実行できるアプリケーションも開発できます。

ⅢⅢ コンパイル時の設定

また、`tsconfig.json`というファイルに所定の設定値を記載しておくことで、`tsc`コマンド実行時のコンパイルの設定を変更できるようになります。

たとえば、次のような設定ができます。

- コンパイル対象、または対象外にするファイル
- コンパイル後の出力ディレクトリや出力ファイル
- 出力するECMAScriptのバージョン
- ソースマップの有無
  - TypeScriptと生成されたJavaScriptとの対応関係を記述したファイルを出力できる。デバッグツールでソースマップの利用を有効にすることで、ログ出力時にコンパイル前のソースコードを参照させることができ、デバッグが容易になる。
- 型チェックの強度
  - JavaScriptと同じように型のない状態を許容したり、すべての変数・関数・定数に型を必ず付けるように強制できる。また、暗黙的なany型をエラーにすることもできる。
- 構文チェック
  - 関数内ですべての分岐に明示的なreturn文がない場合にエラーにしたり、switch文のcase内でbreakが実行されていない場合にエラーにするなど、不具合の原因になりやすい構文を使わないように強制できる。

それぞれの設定項目について具体的な設定方法は、次章以降で実際にコードを書くときに実例を交えながら説明します。

ⅢⅢ tsc以外のコンパイラ

`tsc`の他にもTypeScripをコンパイルするツールがあり、中でもJavaScriptのコンパイラとしても長らく利用されている**Babel**がよく知られています。Babelでもv7からはプラグインを導入することでTypeScriptのコンパイルに対応し、`tsc`を使わなくてもBabelを使ってTypeScriptを利用することも可能になりました。

通常、特に問題がなければ`tsc`コマンドのみで十分なケースがほとんどですが、開発環境に他の理由ですでにBabelが導入されている場合や、特定のBabelのプラグインに依存している場合、ビルドフローを統一したい場合などに、BabelをTypeScriptのコンパイルに利用できます。

ただし、Babelで実行できるのはコンパイルのみで、型チェックはできないので、型チェックにはやはり`tsc`などのツールを使う必要があります。

CHAPTER 02

基本的な
シンタックス

　TypeScriptの概要を知ったところで、次は基本的な
文法について学んでいきましょう。

　実際に手元でTypeScriptを書くための環境構築から
始めていますが、TypeScript Playground(https://
www.typescriptlang.org/play)のようなサンドボック
ス環境で動作を確認するのでも問題ありません。

　また、本章で扱う文法は必要最低限のものにとどめて
います。本章で紹介しきれていないものに関しては、次
章以降で随時紹介するものもあれば、入門書で紹介する
には高度で使用頻度も高くないという理由で割愛してい
るものもあります。

　より詳細なリファレンスが必要となった場合は、公式ド
キュメントなどを別途、参照してください。

環境構築

これからTypeScriptのコードを書き始めるにあたって、まずは環境構築をしましょう。

||| インストール

最初にTypeScriptをインストールします。Node.jsはすでに端末にインストールされている前提で進めます。

ターミナル（Windowsであればコマンドプロンプト）を開いて次のコマンドを入力します。

```
$ npm install -g typescript@4.3.5
```

TypeScriptをインストールすると、 tsc というコマンドを実行できるようになります。 tsc とはTypeScript Compilerのことで、TypeScriptで書かれたコードの型検査をして型エラーがなければ型情報を抜いたJavaScriptファイルに変換して出力してくれます。

これでTypeScriptを記述する準備が整いました。

||| tscを動かしてみる

では実際に tsc コマンドを動かしてみます。サンプルとして、 sum.ts というファイルを作成して次のように記述します。

SAMPLE CODE sum.ts

```
function sum(a: number, b: number) {
  return a + b
}

sum(1, 2)
```

引数に渡された値を足して返すという単純な足し算の処理ですが、引数に対して : number という記述が追加されています。

これがTypeScriptの型アノテーションというもので、この関数の引数 a 、 b にはnumber型の値を渡さなければいけない、ということを明示しています。

ではこのファイルを tsc でコンパイルしてみましょう。 sum.ts と同じ階層で次のコマンドを実行します。

```
$ tsc sum.ts
```

すると sum.js というファイルが出力され、内容は次のようになっているはずです。

SAMPLE CODE sum.js

```
function sum(a, b) {
    return a + b;
}
sum(1, 2);
```

sum.ts から型アノテーションの部分だけ省かれて正常に実行できるJavaScriptのファイルに変換されたので、Node.jsやブラウザで実行できる形になりました。

試しに型情報の誤った処理に変更してみましょう。sum.ts を次のように変更して再度コンパイルしてみます。

SAMPLE CODE sum.ts

```
function sum(a: number, b: number) {
  return a + b
}

sum(1, 'text')
```

sum 関数の引数 b に渡す値をstring型に変更しています。型アノテーションでは number を指定しているので、誤った型の値を渡していることになります。

tsc を実行すると、次のように出力されます。

```
$ tsc sum.ts

sum.ts:5:8 - error TS2345: Argument of type 'string' is not assignable to parameter of
type 'number'.

5 sum(1, 'text')
         ~~~~~~

Found 1 error.
```

「string型の引数はnumber型のパラメーターに割り当てることができない」というエラーメッセージとともに、コードのどの部分が間違っているのかをわかりやすく提示してくれます。

このように tsc でコンパイルすることでJavaScriptファイルを出力するとともに、ランタイムでエラーが発生しうる、型が誤ったコードを事前に検査できます。

III tsconfig.json

tsc を使ったコンパイルを実際に実行してみましたが、**tsc** コマンドにはさまざまなコンパイルの設定があり、オプション引数を渡すことでその設定を変更できます。

たとえば **--target** というオプションを渡すことで、「変換後のJavaScriptファイルをECMAScriptのどのバージョンに対応させるか」を変更できます。デフォルトでは **ES3** がターゲットになっていますが、**--target ES2015** というオプション引数を渡すとES2015に対応したJavaScriptファイルに変換されます。つまり、**--target ES2015** を付けて変換したJSをES5までしか対応していないブラウザで実行すると、ランタイムエラーが発生してしまう可能性があります。自分の書いたコードがどんな環境で実行されるかを考えてターゲットを設定する必要があります。

このようなオプションは、**tsc** の引数として渡す代わりに、**tsconfig.json** 上で設定を行うこともできます。**tsc** に多くの引数を渡すと管理が難しくなるため、基本的にはほとんどの設定を **tsconfig.json** に書いていくことになります。

tsc は現在のディレクトリに **tsconfig.json** が存在するかを見て、存在する場合はそのファイルを設定ファイルと認識します。存在しない場合は **tsconfig.json** が見つかるまで親ディレクトリへとさかのぼり続けます。

一般的には、プロジェクトのルートディレクトリに **tsconfig.json** を置くことが多いですが、**tsc** の **--project** というオプション引数に相対パスを渡すことで、任意の場所の **tsconfig.json** を読み込ませることもできます。

それでは早速、**tsconfig.json** を作成していくつかのオプションを確認してみましょう。次のコマンドを実行してください。

```
$ tsc --init
```

すると、次の内容で **tsconfig.json** ファイルが生成されます。

SAMPLE CODE tsconfig.json

```json
{
  "compilerOptions": {
    /* Visit https://aka.ms/tsconfig.json to read more about this file */

    /* Basic Options */
    // "incremental": true, /* Enable incremental compilation */
    "target": "es5",        /* Specify ECMAScript target version: 'ES3' (default), 'ES5',
'ES2015', 'ES2016', 'ES2017', 'ES2018', 'ES2019', 'ES2020', or 'ESNEXT'. */

    // 以下省略
  }
}
```

非常に盛りだくさんな内容なので、細かく1つひとつの設定を見ていくことはここではしませんが、いくつかの重要なオプションに絞って見ていきます。

SAMPLE CODE tsconfig.json

```json
{
  "compilerOptions": {
    "target": "es5",
    "module": "commonjs",
    "strict": true,
  }
}
```

オプション	説明
target	変換後のJavaScriptファイルのECMAScriptのバージョンを次の中から指定できる。 ・ES3（default） ・ES5 ・ES2015 ・ES2016 ・ES2017 ・ES2018 ・ES2019 ・ES2020 ・ESNEXT
module	コンパイル後のコードに対して、どのモジュール形式を採用するかを次の中から指定できる。たとえば、「commonjs」を指定するとrequireになり、「es2015」を指定するとimportになる。 ・none ・commonjs ・amd ・system ・umd ・es2015 ・es2020 ・ESNext
strict	厳密な型検査を行うかどうかのフラグ。この値を「true」にすると次のオプションがすべて「true」になる。 ・noImplicitAny ・noImplicitThis ・alwaysStrict ・strictBindCallApply ・strictNullChecks ・strictFunctionTypes ・strictPropertyInitialization

　なお、**strict** のオプションについては、1つひとつは以降で細かく解説しますが、基本的には **strict** を **true** にすることでより安全なコードを記述できるようになります。そのため、本書では特に言及がない限り **strict: true** の設定の状態を前提として解説をします。

　ちなみに、JSONファイルの仕様的にはコメントを記述できないのですが、**tsconfig.json** の場合は **tsc** がコメントを無視して実行してくれるので、コメントを記述できます。わからない設定がある場合は、コメントを記述しておくことをおすすめします。

　ここまでで、TypeScriptを記述するための準備となる環境構築ができました。次節からは実際にTypeScriptを使ってコードを書いていきましょう。

基礎的な型

　TypeScriptの開発環境が整ったということで、早速、コードを書いていきましょう。

　ここでは、TypeScriptの基本文法と、どんなアプリケーションを作るときでも必ず登場するであろう次の8種類の基礎的な**型**について説明していきます。

- string型
- number型
- boolean型
- 配列型
- undefined型／null型
- 関数型
- object型／オブジェクト型
- any型

　基本文法とこれらの型を理解していれば、とりあえず簡単なコードを書き始められます。

　本書掲載のコードを実際に手元のエディタで書きながら読み進めていくと、より理解が深まるでしょう。

▌型アノテーション

　TypeScriptにおいて、覚えなければならない「文法」というものは実はほとんどありません。というのも、変数や引数に型を当てるというのがTypeScriptにおける文法のほぼすべてだからです。

　型を当てるというのは、たとえば次のような記述を指します。

```
const name: string = 'Michael Jackson'
```

　このコードでは、`name` という変数に `'Michael Jackson'` という文字列を代入しています。通常のJavaScriptの文とは異なり、変数の後に `: string` というシンタックスが入っていることに注目してください。

　これが、TypeScriptが「型」を指定している箇所になります。

　この `: string` というのは、TypeScript上で**型アノテーション**と呼ばれるシンタックスです。

　変数や引数の宣言時に、`: 型名` と書くことで、それがどんな型なのかをTypeScriptのコンパイラに伝えることができるというわけです。今回の場合だと、`name` という変数に格納できる値はstring型であると指示しているわけです。

　TypeScriptを書くということは、基本的にはこの型アノテーションを追加していく作業だといえます。他の方法でも変数や引数に型を指定できるのですが、まずはこのように理解しておきましょう。

ここから先は、型アノテーションとして記述できる、代表的な8つの型について解説していきます。

string型

前項でもすでに触れた通りですが、**string型**はJavaScriptにおける文字列を指定するための型です。

次のコードでは、**name** 変数がstring型であることが指定されています。

```
const name: string = 'Michael Jackson'
```

「文字列」というのは、空文字列や、ES2015以降で使用可能なテンプレートリテラルも含みます。

```
const name: string = '' // 空文字列も文字列型

const firstName: string = 'Michael'
const lastName: string = 'Jackson'
const fullName: string = `${firstName} ${lastName}` // テンプレートリテラルも文字列
```

▶ 変数や演算結果について

`: string` の型アノテーションが付いている変数は、最終的に文字列が入ってくればよいということなので、次のような「string型であるとわかっている変数」の代入もできます。

```
const name: string = 'Michael Jackson'
const newName: string = name
```

同じ理由で、演算結果の代入も可能です。

```
const name: string = 'Michael Jackson' + 12345
```

上記のコードは、「文字列+数値」の演算結果が文字列型になるJavaScriptの言語仕様を利用したものです。最終的に得られる演算結果が文字列になるとTypeScript側が理解できるので、このコードは問題がないということになります。

なお、型アノテーションと変数・演算結果に関する挙動はstring型に限った話ではなく、今後登場するすべての型に共通していえるものです。

number型

number型は、JavaScriptにおける数値であることを指定するための型です。

次のコードでは、**age** 変数がnumber型であることが示されています。

```
const age: number = 20
```

正の整数だけでなく、0や小数、マイナスの数のような値も当然、number型として扱えます。

```
const age: number = 0
const weight: number = 60.5
const latitude: number = -135
```

言語によってはfloat型やdouble型を使って小数を表現するものもありますが、TypeScript
にはこういった型は存在せず、整数も小数も等しくnumber型です。

また、JavaScriptには **NaN** や **Infinity** 、 **-Infinity** といったやや特殊な値がありま
すが、これらもすべてnumber型の値です。

```
const nan: number = 0 / 0          // NaN は number
const infinity: number = 1 / 0     // Infinity は number
const minusInfinity: number = -1 / 0 // -Infinity は number
```

▶bigint型

ES2019以前は、JavaScriptで扱える最大の数値は9007199254740991、最小は-90071
99254740991でした（それぞれ、 **Number.MAX_SAFE_INTEGER** 、 **Number.MIN_SAFE_
INTEGER** で取得できます）。これらの数値を超えた計算をすると、オーバーフローが発生し、
正しい演算結果を得られなくなってしまいます。

ES2020以降では、この問題を解決し、さらに大きな（または小さな）値を扱える機能が追加
されています。それがBigIntです。

整数値の末尾に **n** を付けるか、 **BigInt()** を呼び出すことで、任意のBigIntの値を作
成できます。

```
// JavaScript のコード
const bigIntNum1 = 9007199254740991n
const bigIntNum2 = BigInt(9007199254740991)
```

TypeScript上でも **tsconfig.json** の **target** を **ES2020** に指定することでBigIntを
扱うことができるようになりますが、注意点としては、BigIntの値はnumber型ではなく**bigint型**
という点です。

```
const invalidBigIntNum: number = 9007199254740991n // エラー (number 型に bingint 型のデータ
                                   //        は追加できない)
const validBigIntNum: bigint = 9007199254740991n   // OK
```

9007199254740991という数自体がかなり大きく、これを超える数を正確に扱わなければなら
ない場面というのはそこまで多くないので、おそらくほとんどのアプリケーションではBigIntを扱
う必要はないでしょう。

ただ、もしBigIntをTypeScript上で扱う必要が出てきた場合は、bigint型というものが
number型とは別に存在してることを思い出してみてください。

boolean型

boolean型は、JavaScriptにおける真偽値であることを指定するための型です。

次のコードでは、**isOpen** 変数と **disabled** 変数がboolean型であることが示されています。

```
const isOpen: boolean = true
const disabled: boolean = false
```

boolean型に入るものは、**true** か **false** の2パターンしかないことに注意してください。つまり、それ以外のすべての値を入れることはできません。

```
const isOpen: boolean = ''        // エラー
const disabled: boolean = 0       // エラー
const hasId: boolean = undefined // エラー (tsconfig.json の strictNullChecks が false の場合
はエラーは発生しない)
```

空文字（ **''** ）、数値の **0** 、**undefined** などは **if** 文の判定などでは **false** として扱われますが、TypeScript上はいずれもboolean型としては扱えません。

もし **true** と **false** 以外の値をboolean型の変数に代入したい場合は、次のコードのように **Boolean()** や **!!** を使うなどして、**true** か **false** に変換する必要があります。

```
const id: string = ''
const hasId1: boolean = Boolean(id) // OK
const hasId2: boolean = !!id // OK
```

配列型

JavaScriptの配列というデータ型は、実はオブジェクトの一種ではあるのですが、JavaScriptにおける配列が特別なシンタックスを用意されているのと同様、TypeScriptにおいても専用のシンタックスが存在しています。

配列型には2通りの記述方法があります。

▶書き方①「型名[]」

1つ目の書き方は、**型名[]** というスタイルです。

次のコードでは、**list** 変数がnumber型の配列であることが示されています。

```
const list: number[] = [1, 2, 3]
```

このように **list** という変数がnumber型の配列であることが指示されている場合、たとえば、string型の値を追加しようとするコードを書くと、型エラーが発生します。

```
const list: number[] = [1, 2, 3]
list.push('Michael Jackson') // エラー (number[] 型に string 型のデータは追加できない)
```

▶書き方②「Array<型名>」

そして2つ目の書き方は、**Array<型名>** のスタイルです。

```
const list: Array<number> = [1, 2, 3]
```

こちらも結果は1つ目の書き方と等価です。

 `<>` の記号ははじめて出てきましたが、この記号はジェネリクスと呼ばれるTypeScript上で動的に型を指示するためのシンタックスです。

 ジェネリクスについては後章で改めて説明をしていくので、今の段階では、配列の型定義には `<>` の記号を使った書き方もあるということだけ覚えておきましょう。

undefined型／null型

 `undefined` と `null` はどちらも「値が存在しないことを表す値」ですが、TypeScriptではそれぞれ別の型として扱われます。

▶undefined型

 JavaScriptにおける `undefined` は、TypeScriptでは**undefined型**として扱われます。

 次のコードでは、`noValue` 変数がundefined型であることが示されています。

```
const noValue: undefined = undefined
```

 このサンプルコードでは便宜上、undefined型の変数を定義していますが、実際のコーディングでは、このような変数(または引数)を作ることはないでしょう。

 undefined型の実用的な使い方の例としては、「string型またはundefined型だけを許容する型」のようなものを定義して使う、などが考えられます。「string型またはundefined型だけを許容する型」というのは、すなわち「値が入っているかわからないが、入っている場合はstring型」という変数のことです。

 このように、型定義に「or」の概念をもたせる仕組みとして**ユニオン型**というものがありますが、それについては後章で改めて解説をします。

▶null型

 JavaScriptにおける `undefined` と似た概念として、`null` というものがあります。TypeScriptでは、**null型**として扱われます。

 次のコードでは、`noValue` 変数がnull型であることが示されています。

```
const noValue: null = null
```

 こちらも基本的な使われ方はundefined型と同じで、それ単体で使われるというよりは、「string型またはnull型だけを許容する型」のような組み合わせで使われることになります。

▶strictNullChecks

 TypeScriptでコードを書いていく際に非常に重要になってくるのが、`tsconfig.json` 内に記載する、`strictNullChecks` オプションです。

 他のオプションに関しては「プロジェクトの状況や実装者の習熟度に応じてカスタマイズすればよい」といったものが多いのですが、`strictNullChecks` オプションに関しては、この設定が `true` であるか `false` であるかでTypeScriptの挙動が大きく変わってきてしまいます。

まずは、strictNullChecks が false の場合を見てみましょう。

次のコードでは、strictNullChecks が false の場合、string型であるはずの name 変数に、undefined や null を代入できてしまうことがわかります。

実際に手元のエディタでエラーが発生しないことを確かめてみましょう。

```
/* strictNullChecks が false の場合 */
let name: string = 'Michael Jackson'
name = undefined // OK
name = null      // OK
```

次に、strictNullChecks を true に変更してみましょう。この場合はエラーとなることがわかります。

```
/* strictNullChecks が true の場合 */
let name: string = 'Michael Jackson'
name = undefined // エラー (Type 'undefined' is not assignable to type 'string'.)
name = null      // エラー (Type 'null' is not assignable to type 'string'.)
```

この挙動はstring型に限った話ではなく、他のすべての型でも同様の動きとなります。つまり、strictNullChecks が false の場合は、すべての型が暗黙的に undefined と null を許容した型になってしまうということです。

先ほどのコードの name 変数が undefined や null である可能性が常にある状態だと、理論上、すべての変数の利用場面で if 文を使うなどして値が入っているかどうかの存在確認を挟む必要が出てくるということになってしまいます。

次のコードでは、strictNullChecks が false となっている場合に、余計な if 文が必要となってしまっていることを確認してください。

```
/* strictNullChecks が false の場合 */
// name は undefined か null の可能性があるので、
// toUpperCase を実行する前に存在確認をしなければならない
let name: string = 'Michael Jackson'
if (name) {
  console.log(name.toUpperCase)
}
```

逆に、strictNullChecks が true である限りは、たとえばstring型の変数が undefined または null であることを疑わずに済みます。

型安全に開発をするという意味において、「string型にはstring型しか入っていない」という状態を保つことはもはや前提条件といえます。

strictNullChecks は明示的に指定をしないとデフォルトの false となってしまうので、必ず true の指定しておきましょう。

▶nullかundefinedか

　JavaScriptにおける **undefined** と **null** はどちらも値がないことを示すものであり、どちらを使えばよいのか悩ましいところではあります。

　よく聞く使い分けの考え方としては、**undefined** は意図せぬ空値、**null** は意図した空値、といったものがあります。しかし、これはあくまでJavaScriptの慣習的な話で、必ずしも言語仕様上、その使い分けがよいとされているわけではありません。

　事実、TypeScriptチームのコーディングガイドライン上は、**null** の使用は禁止し、空値には必ず **undefined** を使うことになっています。

　URL https://github.com/Microsoft/TypeScript/wiki/
　　　　Coding-guidelines#null-and-undefined

　とはいえ、**null** を使うのがいけないことかといわれればそんなことはありません。基本的には、プロジェクト内で一定のルールに則って使われていれば問題はないといえるでしょう。

　本書では、TypeScriptの機能をできるだけ多く紹介するという目的で、**undefined** だけでなく **null** も適宜、使用していきます。

関数型

　JavaScriptでは、関数自体を変数に入れて、その変数経由で関数を呼び出せます。つまり、TypeScriptを書くときにも、関数であることを表す型が必要になってくるということです。

　関数であることを示す**関数型**は、次のようなシンタックスで表現できます。

```
const sayHello: (name: string) => string = (name: string): string => {
  return `Hello, ${name}!`
}
```

　ややごちゃごちゃとしたシンタックスになっていますが、構造としては次のようになっています。

●関数型のシンタックスの構造

```
              ①関数の型                    ②引数の型    ③返り値の型
const sayHello: (name: string) => string = (name: string): string => {
  return `Hello, ${name}!`
}
```

　「①関数の型」は、関数全体の型が表現されていて、それに続いて「②引数の型」と「③返り値の型」が指定されています。

　「①関数の型」は関数全体を表す型で、**(引数名: 引数の型) => 返り値の型** という形式で表現されます。「②引数の型」は、**(引数名: 引数の型)** のように引数に対して指定します。「③返り値の型」は、**(): 返り値の型 => { /* 処理 */ }** の形で、引数の **()** の後に続けて型アノテーションを指定します。

▶ 引数について

引数が複数の場合は、次のように記述をカンマ区切りで増やしていきます。

次のコードでは、先ほどのコードに q というboolean型の引数が追加されています。

```
const sayHello: (name: string, q: boolean) => string = (name: string, q: boolean): string => {
  return `Hello, ${name}${q ? ' ?' : ''}`
}
```

ちなみに、この型定義における「引数名」というのは実際に使用する関数の引数名と一致させる必要はありません。つまり、型定義では name という名前の引数でも、実際の関数側で personName のような引数名としても問題ないということです。

先述のコードの関数部分の引数名を name から personName に変更してみて、問題なく動くことを確認しましょう。

```
const sayHello: (name: string) => string = (personName: string): string => {
  return `Hello, ${personName}!`
}
```

では型情報における引数名はどの場面で使われるのでしょうか。具体例の1つとしてはエディタのヒントの表示が挙げられます。

次の図は、VS Codeで sayHello に対してマウスカーソルをホバーしたときの表示です。カーソルの上部に型が表示されているのがわかるでしょうか。これを見れば、第1引数が name という引数名であることがわかるので、人物の名前を入れればよいと想像がつきます。

●ヒントの表示

このように、型定義の引数に明瞭な名前を与えておくことで、この型を利用して関数を書くときのヒントとなるのです。引数名は型定義そのものには影響はありませんが、適切な引数名で型を定義をするようにしましょう。

▶ void型

void型は、JavaScript上には存在しない、TypeScript特有の概念です（JavaScriptに void 演算子というものは存在しますが、それとは別の概念です）。

仕様がややトリッキーではありますが、事実上、「返り値がない（= undefined を返す）関数の返り値の型に使うためのもの」という理解で問題ありません。

次のコードは、Hello! という文字列をログとして出力するだけの関数の定義です。

```
const logHello: () => void = (): void => {
  console.log('Hello!')
}
```

　返り値は何もないので、**undefined** となります。そのため、この場面ではvoid型ではなくundefined型も指定できます。

　ただし、関数の返り値に関しては、**undefined** よりも型の制約が強いvoid型を使うのが一般的です。

　「**undefined** よりも型の制約が強い」というのは、void型はundefined型ですらない、というところがポイントとなっています。つまり、void型の値は原則としてどこでも使えない値なのです。

　次のコードは、void型がundefined型とは違い、**if** 文の条件分岐ですら使うことが許されていないことを示しています。

```
const undefinedVal: undefined = undefined
const voidVal: void = undefined

// OK
if (undefinedVal) {
  console.log('UndefinedVal')
}

// エラー
// An expression of type 'void' cannot be tested for truthiness
if (voidVal) {
  console.log('voidVal')
}
```

　このように、void型はその値が何であるかにかかわらず、他の場所で使われることを想定した値ではないということです。

　サンプルコードでは簡略化のために、あえて変数宣言時にvoid型を指定しましたが、実際にはこのような使い方をすることはありません。あくまで関数の返り値がない場合に使用する型であると認識しておきましょう。

▌object型／オブジェクト型

　オブジェクトは、キーとバリューのペアで表されたデータの構造体のことを指す、JavaScriptにおける基本概念の1つです。簡単なデータ構造ではありますが、JavaScriptにおいてオブジェクトというものが果たしている役割が非常に広く、語るべきことの多いトピックです。

　そして、TypeScriptにおけるオブジェクトの型でも同様、多くの仕様が存在しています。

▶ object型

　TypeScriptには、string型やnumber型などと同じような形で、**object型**というものが存在します。

```
const person: object = {
  name: 'Michael Jackson',
  age: 20,
}
```

34

しかし、このobject型は、実際の開発で使うことはほとんどありません。

なぜなら、object型は、プリミティブ値（ `string` 、 `number` 、 `boolean` 、 `null` 、 `undefined` 、 `symbol` ）以外のどんな値でも入れられてしまうからです。つまり、キーバリューストアとしてのオブジェクトの形を担保するような型ではないのです。

次のコードでは、 `person` 変数には `name` と `age` キーを持ったオブジェクトであってほしいのに、まったく意図していない値を入れられてしまうことを示しています。

```
const person1: object = {
  name: 'Michael Jackson',
  age: 20,
} // OK

const person2: object = {
  isOpen: false
} // OK

const person3: object = [1, 2, 3] // OK

const person4: object = new Date() // OK
```

このように、object型は「プリミティブ値でない」という程度の型付けしかできず、型の制約としては緩すぎます。「object型」という名称に惑わされそうになるかもしれませんが、基本的には使わないものとして考えておきましょう。

▶ オブジェクト型

object型は使わないとわかったところで、実用的な型定義の方法を見ていきましょう。

「 `name` と `age` のキーを持ち、それぞれの型が `string` と `number` であるオブジェクト」という型を表現したい場合、TypeScriptでは次のように型を表現します。

```
const person: {
  name: string
  age: number
} = {
  name: 'Michael Jackson',
  age: 20,
}
```

`const person:` に続く型アノテーション部分に注目してみてください。次の部分が型定義となっていることがわかります。

```
{
  name: string
  age: number
}
```

　他の型定義同様、: の後に {} で囲み、その中に **キー名: 型名** を書いていけばよいということがわかります。

　このようなオブジェクト形式の型宣言がされた場合、存在しない `height` キーにアクセスしようとするとエラーとなります。

```
const person: {
  name: string
  age: number
} = {
  name: 'Michael Jackson',
  age: 20,
}


console.log(person.height) // エラー (Property 'height' does not exist on type
                           //          '{ name: string; age: number; }'.)
```

　このような、{} で囲われたキーバリュー構造の型は「無名のオブジェクトの型」なので、Type Script公式の呼び方はありません（強いて呼ぶのであれば、**{ name: string; age: number; }** 型ということになります）。

　ただし、呼び方がないのは不便なので、本書では便宜的に「オブジェクト型」と呼称するようにします。「オブジェクト型」がアルファベット表記の「object型」とは異なるものである点に注意してください。

▶ シンタックスルール

　オブジェクト型を表記する際、キーバリューごとのセミコロン ; はあってもなくても問題ありませんが、1行で記述する場合はセミコロンが必須となります。

　次のコードの中では **person3** のみ不正で、それ以外は問題のない記述です。

```
// (改行あり + セミコロンなし)
// OK
const person1: {
  name: string
  age: number
} = {
  name: 'Michael Jackson',
  age: 20,
}


// (改行あり + セミコロンあり)
// OK
const person2: {
  name: string;
  age: number;
} = {
  name: 'Michael Jackson',
```

```
  age: 20,
}

// (改行なし + セミコロンなし)
// エラー。 ';' expected.
const person3: { name: string age: number } = {
  name: 'Michael Jackson',
  age: 20,
}

// (改行なし + セミコロンあり)
// OK
const person4: { name: string; age: number; } = {
  name: 'Michael Jackson',
  age: 20,
}
```

なお、セミコロンの部分はカンマ ， でも問題ありません。

▶ **オブジェクト型の機能**

TypeScriptのオブジェクト型には、より厳密な型表現のために多くの機能が備わっています。ここでは中でも使用頻度の高い機能を2つ見てみましょう。

● **オプショナル**

オブジェクト型では、プロパティをオプショナルにできます。**オプショナル**というのは、「そのキーがあってもなくてもよい」という意味です。

オプショナルにするシンタックスは非常にシンプルで、通常、**キー名： 型名** のところを、**キー名?： 型名** のように **?** を付与するだけです。

具体的なコードを書いてみましょう。

次のコードでは、オプショナル指定された **height** の挙動を確認しています。 **height** がオプショナルでない **person1** はコンパイルエラーになるのに対し、**height** がオプショナルな **person2** は問題ないことを確認しましょう。

```
// height キーが足りないのでエラー
const person1: {
  name: string
  age: number
  height: number
} = {
  name: 'Michael Jackson',
  age: 20,
}

// height キーが存在しないが、オプショナルなので問題ない
const person2: {
```

```
  name: string
  age: number
  height?: number
} = {
  name: 'Michael Jackson',
  age: 20,
}
```

また、オプショナルなキーには、次のように `undefined` であれば値を指定できます。

JavaScriptでは存在しないキーを参照すると `undefined` が返されますが、この挙動を壊していないと考えると `undefined` のみ指定可能であることにも納得がいくでしょう。

```
const person: {
  name: string
  age: number
  height?: number
} = {
  name: 'Michael Jackson',
  age: 20,
  height: undefined,
}
```

● readonly

`readonly` は、TypeScript上でオブジェクトのプロパティを再代入不可にするための修飾子です。

JavaScriptでは、`Object.freeze` を使わない限りはオブジェクトのプロパティの再代入は防げません。そのため、そのオブジェクトの値が意図しない値に書き換わっている可能性が常にあるということです。

それを解決するのが、`readonly` 修飾子です。

使い方としては、通常の **キー名: 型名** のよう記述に対して、**readonly キー名: 型名** と `readonly` を追加してあげるだけです。

実際のコードで、`readonly` の有無によって挙動がどうなるか確認してみましょう。

まずは、`readonly` がない場合です。次のコードでは、`person.name` が上書きできてしまうことがわかります。

```
const person: {
  name: string
  age: number
} = {
  name: 'Michael Jackson',
  age: 20,
}

person.name = 'Stevie Wonder' // 再代入できてしまう
```

次に、**readonly** を追加してみましょう。次のコードでは、**name** のキーには値を代入できないので、TypeScriptのエラーが表示されます。

```
const person: {
  readonly name: string
  readonly age: number
} = {
  name: 'Michael Jackson',
  age: 20,
}

person.name = 'Stevie Wonder' // エラー (Cannot assign to 'name' because it is a read-only
property.)
```

オブジェクトのプロパティを動的に書き換える必要がないとわかっている場合は、バグの混入を防ぐためにも **readonly** を付与することをおすすめします。

readonly は、型システムとは別にTypeScriptが提供している強力な機能なので、積極的に使っていきましょう。

▌▌any型

any型は、TypeScriptにおける型解決の最終手段です。型アノテーションとして **any** を指定すると、その名の通り、どんな値でも許容する型となります。

次のコードでは、現時点で紹介したすべての型の値が **anyValue** 変数に代入できているのがわかります。

```
let anyValue: any = 'Michael Jackson'
anyValue = 123
anyValue = true
anyValue = [1, 2, 3]
anyValue = undefined
anyValue = null
anyValue = () => {
  console.log('Hello!')
}
anyValue = {
  name: 'Stevie Wonder',
  age: 20,
}
```

このように、any型はいかなるデータの型も許容してしまいます。

そしてさらに恐ろしいことに、次のように絶対にエラーを引き起こすようなコードも書けてしまいます。

```
const name: any = 123
name.toUpperCase()
```

前ページのコードの **name** 変数は、その名前から推測するに、本来的にはstring型として扱うべきものであることが推察されます。string型として宣言していれば、**123** を代入しようとしたタイミングでTypeScriptがエラーを吐いてくれるはずです。

しかし、any型として宣言することによって、**123** という数字を割り当てることができてしまっています。そして、中身は **123** というnumber型であるにもかかわらず、string型の変数でないと呼び出せないはずの **toUpperCase** メソッドを呼び出せてしまっているのです。

そればかりか、次のように、そもそもJavaScript上存在しないメソッドを呼び出すようなコードすら書けてしまいます。

```
const name: any = 123
name.someUndefinedMethod()
```

any型は「どんな型でもある」という意味なので、いかなるプリミティブ値としても扱うことができ、さらにどんなプロパティの参照やメソッドの呼び出しも可能にしてしまうということです。

先述のようなコードはTypeScript上の型チェックをすり抜けてコンパイルができてしまうというだけであって、実際にコンパイル後のコードを実行しようとすると、当然エラーとなります。

```
// name.toUpperCase() 部分でのエラー
name.toUpperCase is not a function
```

name 変数には実際は **123** という数値の値が入っているので、**toUpperCase** は実行できないということです。

このように、**any** を使うということは、TypeScriptが提供している型システムによる保護の放棄を意味しています。実行するまでエラーがあるかわからない、JavaScriptの世界に戻ることと同義なのです。

そのため、TypeScriptに正しく型解決させることが不可能な場面や、一時的に無理やりコンパイルが通る状態にしたいときなどを除き、原則として使用しない心づもりでいましょう。

40

interface

　ここで基礎的な型の紹介から少し外れて、TypeScriptの**interface(インターフェース)**という機能について紹介します。

　interfaceは、一言で言ってしまうと、名前付きのオブジェクト型を宣言するための機能です。35ページでは、次のように、型アノテーション上でオブジェクトの型を表記していました。

```
const person: {
  name: string
  age: number
} = {
  name: 'Michael Jackson',
  age: 20,
}
```

　これをinterfaceを利用して表記すると、次のようになります。

```
interface Person {
  name: string
  age: number
}

const person: Person = {
  name: 'Michael Jackson',
  age: 20,
}
```

　ここでは、「 name と age のキーを持ち、それぞれの型が string と number であるオブジェクト」という型を、Person という名前で宣言していることがわかります。

　interfaceを用いたオブジェクトの型の宣言でも当然、無名のオブジェクト型で表記したコード同様に、存在しないキーにアクセスしようとするとコンパイルエラーとなります。

```
interface Person {
  name: string
  age: number
}

const person: Person = {
  name: 'Michael Jackson',
  age: 20,
}

console.log(person.height) // エラー。Property 'height' does not exist on type 'Person'.
```

また、オブジェクトのメソッドは次の2つのパターンのシンタックスで表現できます。どちらも string型の **name** を受け取る **sayHello** メソッドを持ったオブジェクトの型で、等価な表現となります。

```
interface Person1 {
  sayHello: (name: string) => void
}

interface Person2 {
  sayHello(name: string): void
}
```

なお、interfaceでは、通常のオブジェクト型と同様、オプショナル(**?**)や **readonly** の機能も利用できます。

命名規則

JavaScript上で変数名を自由に決められるように、interfaceの名前も自由に決められます。慣習的にアッパーキャメルケースで命名することが多いですが、大文字・小文字などの制約はなく、ケースセンシティブに解釈されます。

```
// これらは別々の interface として解釈される
interface person {}
interface Person {}
```

関数型の宣言

interfaceは次のように **()** を使ったシンタックスで宣言することで、関数型の表現にも使用できます。 **:** の前の **(name: string)** が引数、後ろの **void** が返り値の型となります。

```
interface SayHello {
  (name: string): void
}

const sayHello: SayHello = (name: string) => {
  console.log(`Hello, ${name}!`)
}
```

前述したオブジェクトのメソッドの型表現とシンタックスが似ていて混同しやすいので、そこまで積極的に使われる機能ではありませんが、interfaceでも関数型が表現できるということは覚えておきましょう。

interfaceを使うメリット

interfaceを使うと、どんなメリットがあるのでしょうか。

▶ オブジェクト型を使い回せる

interfaceを使ってオブジェクトの型を表現すると、その型を使い回せるという利点があります。次の比較コードを見れば、その利点は一目瞭然でしょう。

まずは、interfaceを使わなかった場合のコードです。同じ無名のオブジェクト型を2度、書いていることに注目してください。

```
const getName = (person: { name: string; age: number }) => {
  return person.name
}
const getAge = (person: { name: string; age: number }) => {
  return person.age
}
```

次に、interfaceを使って **Person** 型を宣言した場合の例です。

```
interface Person {
  name: string
  age: number
}

const getName = (person: Person) => {
  return person.name
}
const getAge = (person: Person) => {
  return person.age
}
```

このように同じ型の記述をまとめることで、コードの見通しをよくできます。

▶ 型に命名できる

その他にも、特定のオブジェクト型名に命名ができることも大きなメリットです。

{ name: string; age: number } のような型だけ見せられても、それがどんなデータを表現したい型なのかはわかりません。一方、interfaceを使って **Person** という名前が与えられていれば、それが人物のデータを表すためのデータに対する型であることが明示的になります。

もし使い回すような型でなかったとしても、あえて一度、interfaceによる宣言をすることで、読み手に優しいコードになる場面もあるでしょう。

これらのようなメリットを鑑みて、必要に応じてinterfaceによる型宣言を利用していきましょう。

型推論

　ここまでTypeScriptの根幹の機能である型アノテーションと、代表的な型について紹介をしましたが、このように思っている方も多いのではないでしょうか。

- ●すべての変数・引数に型アノテーションを書いていくのはかなり大変そう
- ●アノテーションのせいでコードの可読性が下がっている
- ●わかりきっていることを何度も書かなければいけないのがスマートじゃない

　これらは実際その通りです。すべての変数や引数に型アノテーションを書いていくことは、上記のようなデメリットがあり、型安全な開発を行えるメリットを帳消しにしかねない程度には大変な作業です。

　しかし、これらの懸念を払拭してくれる機能がTypeScriptには備わっています。それが、**型推論**です。

　型推論とは、一言で言うと「型アノテーションを書かなくてもある程度、TypeScriptが勝手に型を解釈してくれる」という機能です。つまり、わざわざ `: string` のように書かなくとも、型システムの恩恵を受けながら開発を行えるということです。

　ここでは型推論について解説をしていきますが、どのように型が推論されているかを確認するためにも、手元のエディタで実際にコードを書いてみることをおすすめします。実際にコードを書いてみて、TypeScriptがどのように考えて型を推測してくれるのかを感じていきましょう。

▐▐▐ プリミティブ値の型推論

　まずは、プリミティブ値の型推論を確認していきましょう。

　プリミティブ値というのは、JavaScriptにおける、イミュータブル（不変）でメソッドやプロパティを持たない純粋なデータの種類のことです。

　たとえば、`'Michael Jackson'` という文字列が例の1つです。`'Michael Jackson'` という文字列そのものは不変で、プロパティやメソッドは持っていません（`'Michael Jackson'.length` のようにプロパティを参照するような書き方もできますが、このとき内部的に呼ばれているのは `'Michael Jackson'` のメソッドではなく、Stringオブジェクトのプロパティです）。

　他には、`123` のような数値だったり、`true` のような真偽値もプリミティブな値です。

　これらのようなプリミティブな値を変数に代入した場合、その変数に型アノテーションを付けなくても、TypeScriptは勝手に型を解釈してくれるのです。

　string型の型推論の例を見てみましょう。次のコードでは、`name` 変数に `: string` の型アノテーションが付いていないにもかかわらず、正しくstring型として解釈されていることがわかります。

```
/**
 * name が string 型に推論されている
 */
let name = 'Michael Jackson'

name.toUpperCase() // name は string 型なので、toUpperCase を呼び出すことができる
```

これは、**name** に代入されている **'Michael Jackson'** が文字列のプリミティブな値であるため、TypeScript側で **name** 変数はstring型であると解釈できているということです。

この挙動は、次のコードで示しているように、number型やboolean型でも同様です。

```
/**
 * total 変数が数値型に推論されている
 */
let total = 123

const printTotal: (totalNum: number) => void = (totalNum: number): void => {
  console.log(`Total is ${totalNum}`)
}

printTotal(total) // OK

/**
 * isPositive 変数が真偽値型に推論されている
 */
let isPositive = 0 < total

const printIsPositive: (isPositiveFlag: boolean) => void = (isPositiveFlag: boolean): void => {
  if (isPositiveFlag) {
    console.log('Total is a positive number')
  } else {
    console.log('Total is not a positive number')
  }
}

printIsPositive(isPositive) // OK
```

このように、代入する値がプリミティブな値であれば、わざわざ変数には型アノテーションを付与する必要のないことがわかります。

JavaScriptでは文字列、数値、BigInt、真偽値、undefined、シンボルの6つがプリミティブ値として定義されていて、それぞれTypeScriptではstring型、number型、bigint型、boolean型、undefined型、symbol型が対応しています。

また、これらに加え、JavaScriptでは厳密にはプリミティブ値とは異なるnullに関しても、TypeScriptの型解釈上はnull型として他のプリミティブ値と同様の動きを見せます。

■■■ 配列型・オブジェクト型・関数型の型推論

次に、プリミティブ値ではないデータの型推論を見てみましょう。ここでは、配列、オブジェクト、関数の3つのデータ型について挙動を確認してみます。

▶ 配列型の型推論

TypeScriptは、配列の中に入っている値を見て型の判定をします。

たとえば、配列の中に入っているものがすべて文字列であれば **string[]** 型、数値であれば **number[]** 型、といったように推論をしてくれます。

次のコードは、**nameList** が **string[]** 型と推論されているため、0番目の要素が **to UpperCase** メソッドを呼び出せる一方、**ageList** は **number[]** 型であるため、0番目の要素が **toUpperCase** メソッドを呼び出そうとするとコンパイルエラーとなることを示しています。

```
/**
 * nameList 変数が string[] 型に解釈されている
 */
const nameList = ['dog', 'cat', 'bird']
nameList[0].toUpperCase() // OK

/**
 * nameList 変数が number[] 型に解釈されている
 */
const ageList = [20, 18, 15]
ageList[0].toUpperCase() // エラー (Property 'toUpperCase' does not exist on type 'number'.)
```

▶ オブジェクト型の型推論

オブジェクトに関しても同様に、キーバリューのペアで型の判定を行ってくれます。

次のコードでは、型アノテーションを記述せずに **person** 変数を定義しています。中身は **name** と **age** というキーを持ち、値としてはそれぞれ文字列リテラルと数値リテラルが代入されています。

このとき、**person** 変数は **{ name: string; age: number; }** のオブジェクト型の値と解釈されていることがわかります。

```
/**
 * person 変数が { name: string; age: number; } 型に解釈されている
 */
const person = {
  name: 'Michael Jackson',
  age: 20,
}

const personName: string = person.name
const personAge: number = person.age
const personHeight: number = person.height // エラー (Property 'height' does not exist on type
                                           //         '{ name: string; age: number; }'.)
```

▶関数型の型推論

関数に関しては、すでに解説した通りですが、愚直に型を書いていくと非常にごちゃごちゃとしたシンタックスになってしまうという問題がありました。

次のコードは、32ページで紹介したものです。

```
          ①関数の型                    ②引数の型    ③返り値の型
const sayHello: (name: string) => string = (name: string): string => {
  return `Hello, ${name}!`
}
```

関数の型をこのように書いてしまうと、どこが実装でどこが型定義なのかがわかりにくく、読みやすいコードとはいえません。

ここで型推論の機能を使うと、「①関数の型」をそのまま削除できます。

```
/**
 * sayHello 変数が (name: string) => string 型に解釈されている
 */
const sayHello = (name: string): string => {
  return `Hello, ${name}!`
}

const val1 = sayHello('Michael Jackson')
const val2 = sayHello(123) // エラー (Argument of type 'number' is not assignable to
                           //          parameter of type 'string'.)
```

このように型推論に型付けを任せることによって、同じような型定義を2回書く必要がなくなります。

式の型推論

プリミティブ値とそうでない値を変数に代入するとき、TypeScriptは型を推論して、自動で型付けを行ってくれるという説明をしました。この一連の説明の中では 'Michael Jackson' や ['dog', 'cat', 'bird'] といったような単一の「値」での説明をしましたが、これは実は値を解釈しているというより、「式」を解釈してくれると捉えるのが正しいです。

式を解釈してくれるというのは、単一の値だけでなく、値同士の演算結果も解釈してくれるということです。TypeScriptは、その演算結果も型として推論できるのです。

次のコードで、実際にその挙動を確認してみましょう。右辺の「式」の結果が、変数の型として正しく解釈されていることがわかります。手元のエディタで型情報を確認してみましょう。

```
const someStrVal = 123 + '345' // string 型
const someNumVal = Number(someStrVal) * 10 // number 型
```

このコードでは、TypeScriptは次のようなステップで型の推論をしていきます。

1「123」はnumber型で、「'345'」はstring型である

2 number型とstring型を「+」で演算した結果は、string型となる

3 つまり、「someStrVal」はstring型となる

4「Number()」の返り値はnumber型である

5 number型とnumber型を「*」で演算した結果は、number型となる

6 つまり、「someNumVal」はnumber型となるつまり、「someNumVal」はnumber型となる

このように、1箇所ずつ型を確認していき、最終的な型を判別しているわけです。同じ原理で、オブジェクトや関数の返り値を利用した型の推論もできます。

実際の例を見てみましょう。次のコードは、特に次の2点に着目して読んでみましょう。

- 関数の返り値の型付けは推論に任せて省略できる
- 推論された関数の返り値の型を利用して、さらに推論を進められる

```
interface Person {
  firstName: string
  lastName: string
  age: number
}

const getFullName = (person: Person) => {
  return `${person.firstName} ${person.lastName}`
}

const largeFullName =
  getFullName({ firstName: 'Michael', lastName: 'Jackson', age: 74 }).toUpperCase()
  // MICHAEL JACKSON
```

着目すべきポイントを2点上げていましたが、それぞれ具体的には次のような処理が行われています。

- 関数の返り値が推論されているため、「getFullName」関数の返り値の型（: string）が省略されている
- 「getFullName」関数が「(person: Person) => string」型であると推論されているため、そのstring型の返り値に対して「toUpperCase」メソッドを呼び出せている

getFullName 関数の型に関して、32ページで紹介したような関数型の説明と比べると、型に関する情報がかなり減っているのがわかるのではないでしょうか。

このように、TypeScriptでは型推論のサポートを受けることで大部分の型アノテーションの記述を削除できるのです。

▶Contextual Typing

このように、式の演算から自動的に型を推論することをTypeScriptでは**Contextual Typing**と呼んでいます。

Contextual Typingは、TypeScriptの型推論のパターンとしてさまざまなケースで使用されています。たとえば、すでに紹介した、配列やオブジェクトを変数に代入したときの推論も実はContextual Typingの一種です。

Contextual Typingを念頭に型定義をしていくと、本当に書く必要のある型アノテーションは意外に少ないことに気付くでしょう。実際にアプリケーション開発をしていると、Contextual Typingだけではうまく型を解決できない場面も当然出てきます。

しかし、基本的にはContextual Typingのレールに沿ってコードを書いていくことで、最小限の労力で型安全なコードを書けるようになっているのです。

▌▌▌型推論とリテラル型

プリミティブ値の型推論の説明に使われているサンプルコードを注意深く読んでいた方なら、`const` ではなく `let` が使われていることに疑問を持ったかもしれません。サンプルコードとはいえ、再代入が意図された変数ではないのになぜ `let` が使われているのでしょうか。

実はこれには理由があります。というのもTypeScriptでは、`const` を使った場合と `let` を使った場合とで、異なる型推論がされる場合があるのです。ここからはやや込み入った話になりますが、仕様を丁寧に紐解いていきましょう。

▶リテラル型

まず話の前提となるのが、**リテラル型**についてです。

リテラル型とは、その名の通り、JavaScriptのリテラルによって表現された値の型です。

JavaScriptのリテラルというのは、たとえば `'Michael Jackson'` や `123` といったような、ソースコード上に直接、記述された固定値のことを指します。

そして、リテラル型というのは、このようなリテラルの値そのものの型を指しています。今回の例でいえば、`'Michael Jackson'` という文字列は `'Michael Jackson'` 型、`123` という数値は `123` 型、となるというわけです。

TypeScriptでは **: 型名** というシンタックスで型を定義するという説明をしてきましたが、リテラル型に関しても例に漏れません。

次のコードは、`'Michael Jackson'` 型の変数には `'Michael Jackson'`、`123` 型の変数には `123` しか代入できないことを表すコードです。

```
/**
 * 'Michael Jackson' 型の変数には 'Michael Jackson' という文字列しか代入できない
 */
const name: 'Michael Jackson' = 'Michael Jackson'
// エラー (Type '"Stevie Wonder"' is not assignable to type '"Michael Jackson"'.)
const invalidName: 'Michael Jackson' = 'Stevie Wonder'
```

```
/**                                                              ▼
 * 123 型の変数には 123 という数値しか代入できない
 */
const num: 123 = 123
const invalidNum: 123 = 456 // エラー (Type '456' is not assignable to type '123'.)
```

このように、**string** や **number** よりもさらに厳しい、1つの値だけをピンポイントで指定する型がリテラル型というわけです。

ちなみに、JavaScriptでは、配列やオブジェクトもリテラル表現で定義できます。

しかし、リテラル型をとれるのはプリミティブな値だけで、さらにその中でも文字列、数値、真偽値の3種類だけです。そのため、たとえば **['dog', 'cat', 'bird']** というリテラル配列が存在していたとしても、**['dog', 'cat', 'bird']** というリテラル型が存在するわけではありません。

今まではstring型や配列型、number型といったような、基本的にはJavaScriptのデータの種類と対になるような概念として「型」の種類を紹介してきました。しかし、リテラル型はそういったデータ型によるグルーピングとは違い、より詳細で具体的な型となっています。

そして、ここでポイントとなってくるのが、リテラル型は通常のデータ型のサブタイプであるという点です。**サブタイプ**というのは、サブクラスを想像するとわかりやすいかもしれません。

あるクラスに対して、機能を拡張して概念を絞ったものをサブクラスと呼びますが、ここでいうサブタイプについても似た関係のものを指しています。具体的には、**'Michael Jackson'** 型は、string型のサブタイプ、**123** 型はnumber型のサブタイプ、ということになります。

'Michael Jackson' 型がstring型のサブタイプであるということは、**'Michael Jackson'** 型の変数はstring型としての型チェックも行われるということです。

次のコードでは、**'Michael Jackson'** 型の変数が、string型のメソッドである **toUpperCase** を呼び出せることを示すコードです。

```
const name: 'Michael Jackson' = 'Michael Jackson'
const upperCaseName = name.toUpperCase() // 'Michael Jackson' 型 は string 型を継承している
```

この挙動は、すべてのリテラル型に当てはまります。つまり、**123** 型はnumber型のサブタイプであり、**true** 型はboolean型のサブタイプであるということです。

リテラル型にどんな使い道があるのかと思われるかもしれませんが、特に文字列のリテラル型はアプリケーション開発では比較的登場場面は多く、その性質についてはきちんと理解しておく必要があります。

ここではあくまで概要に触れるにとどめ、具体的な活用の仕方についてはCHAPTER 03以降で解説することにします。

▶const、letの挙動の違い

さて、型推論の話に戻りましょう。プリミティブなリテラル値の型推論の際に、let を使うのと const を使うのとでは推論の結果が異なるという話をしていたのでした。そして、これにはリテラル型の概念が関わってきます。

リテラル型が関わってくると、具体的には let と const で次のような挙動の違いが出てきます。

- プリミティブなリテラル値を「const」で宣言された変数に代入する場合、その変数は代入された値のリテラル型と推論される
- プリミティブなリテラル値を「let」で宣言された変数に代入する場合、その変数は通常のデータ型と推論される

● 「const」の場合

まずは、const でプリミティブな値を代入したときの挙動を確認してみましょう。次の2点に着目してみてください。

- 「sayHelloToMichael」関数の第1引数の「personName」が「'Michael Jackson'」であること
- 「name1」変数と「name2」変数それぞれリテラル型として推論されていること

```
/**
 * const の場合
 */
const name1 = 'Michael Jackson'
const name2 = 'Stevie Wonder'

const sayHelloToMichael = (personName: 'Michael Jackson') => {
  console.log(`Hello, ${personName}`)
}

sayHelloToMichael(name1)
sayHelloToMichael(name2) // エラー (Argument of type '"Stevie Wonder"' is not assignable to
                         //          parameter of type '"Michael Jackson"'.)
```

name1 変数は 'Michael Jackson' 型に推論されているので、sayHelloToMichael 関数の引数として渡せています。

一方、name2 変数は 'Stevie Wonder' 型に推論されているので、sayHelloToMichael 関数に渡そうとすると、コンパイルエラーが発生してしまいます。

● 「let」の場合

次に、let を使って同じことをしたときの挙動を確かめてみましょう。

先ほどのコードの const を let に置き換えてみました(sayHelloToMichael 関数に変更はありません)。

このとき、name1 変数と name2 変数が、いずれもリテラル型ではなくstring型に解釈されていることがわかります。

```
/**
 * let の場合
 */
let name1 = 'Michael Jackson'
let name2 = 'Stevie Wonder'

const sayHelloToMichael = (personName: 'Michael Jackson') => {
  console.log(`Hello, ${personName}`)
}

sayHelloToMichael(name1) // エラー (Argument of type 'string' is not assignable to parameter
                         //        of type '"Michael Jackson"'.)
sayHelloToMichael(name2) // エラー (Argument of type 'string' is not assignable to parameter
                         //        of type '"Michael Jackson"'.)
```

const を使って宣言した場合は、name1 は 'Michael Jackson' 型に推論されていました。

しかし、let を使った場合はstring型と推論されるため、sayHelloToMichael 関数に渡そうとするとコンパイルエラーが出るようになってしまいました。

この、「プリミティブなリテラルの値がリテラル型ではなく通常のデータ型で推論される」というのは、let で変数宣言をした場合だけではなく、配列の値やオブジェクトのバリューに値をセットしたときも同様の挙動となります。

次のコードで、オブジェクトのバリューに値をセットしたときの型推論の挙動を確認してみましょう。

```
const person = {
  name: 'Michael Jackson'
}

const sayHelloToMichael = (personName: 'Michael Jackson') => {
  console.log(`Hello, ${personName}`)
}

sayHelloToMichael(person.name) // エラー (Argument of type 'string' is not assignable to
                               //        parameter of type '"Michael Jackson"'.)
```

person.name を sayHelloToMichael に渡そうとすると、「string型は 'Michael Jackson' 型には渡せません」という内容のコンパイルエラーが出てしまいます。

これは、person.name が 'Michael Jackson' 型ではなく、string と推論されているためです。

このことから、オブジェクトのバリューの推論でも let と同じように、プリミティブなリテラルの値は通常のデータ型に変換されることがわかります。

▶ literal type widening

　プリミティブなリテラルの値を const で宣言した場合と、let またはオブジェクトなどに対して行った場合では、型推論の挙動に違いがあるとわかりました。

　後者の、「プリミティブなリテラルの値がリテラル型ではなく通常のデータ型で推論される」という挙動は、TypeScript上では literal type widening と呼ばれている仕様です。その名前からもわかる通り、リテラル型をより一般的なデータ型に広げるという働きをするわけです。

　なぜこのような仕様が存在しているのかは、実際の開発シーンを想像すればすぐにわかります。

　const で宣言した変数には、値は再代入できません。たとえば、const name = 'Michael Jackson' と宣言した場合、name 変数が 'Michael Jackson' 以外の値になることはありません。そのため、型としては string 型ではなく、より厳密な型である 'Michael Jackson' として扱えるというわけです。

　一方、let で宣言した変数や、オブジェクトのバリューは再代入ができるので、次のコードのように、後からいくらでも値を変更できてしまいます。

```
let name = 'Michael Jackson' // string 型と推論されているおかげで、
name = 'Stevie Wonder'        // 'Stevie Wonder' を代入できる

const person = {
  name: 'Michael Jackson'     // string 型と推論されているおかげで、
}
person.name = 'Stevie Wonder' // 'Stevie Wonder' を代入できる
```

　もしこのとき、name 変数が 'Michael Jackson' 型として推論されてしまうと、その後、'Stevie Wonder' という文字列は代入し直せなくなってしまいます。そのため、name 変数はリテラル型ではなく string 型として、literal type widening が施された推論がされるというわけです。

　このように literal type widening の存在理由を考えてみると、literal type widening の対象となるかは、対象が「ミュータブル（可変）かイミュータブル（不変）か」というところが焦点だということがわかります。

　つまり、const で宣言された変数はイミュータブルなのでリテラル型が適用され、let で宣言された値や、配列、オブジェクトはミュータブルなので literal type widening によって汎用的な型として扱われるということです。

　冒頭では「const と let では挙動が異なる」という説明の仕方をしましたが、実際は「ミュータブルかイミュータブルか」がポイントということになります。

　TypesScript のコードを書いていていく中で、リテラル型や literal type widening について強く意識する場面は実はそこまで多くはありません。

　しかし、多くないというだけであって、本書の以降の章でもこの仕様の理解を前提としたコードは登場します。型推論の厳密な仕様としてこういったものが存在しているということは頭の片隅に置いておきましょう。

CHAPTER 03

Node.jsで動く
アプリケーションを
作ってみよう

　TypeScriptの基本的な文法は学んだということで、ここから先は実際に動くものを作っていきます。本章では、ターミナル上で対話的に実行できる、Node.jsのゲームアプリを作ります。

　CHAPTER 02では基本的な文法についてはカバーしましたが、本章で書くコードにはより発展的なTypeScriptの機能も登場します。そういった場面では、一度アプリケーションのコードを離れ、機能的な説明をじっくりした後にまた戻ってくるという形で進めていきます。

　実際に動くアプリケーションのコードを書きながら学んでいくことで、具体的にその機能がどう使われるのかがイメージしやすくなるでしょう。

本章で作成するサンプル

本章で作るものは、ヒット・アンド・ブローというゲームです。ルールとしては、次のようなものになります。

- 3つの箱の中に、1から10の数字の中からランダムで1つずつ入る。
- 回答者はそれぞれの箱の中にどの数字が入っているかを宣言する。
- 回答者は、それに対して次のようなフィードバックを得る。
  - 正解だった箱の個数（ヒット）
  - 正解ではないが、他の箱にはその数字が入っているという数（ブロー）
- すべての箱の数字を当てるまで繰り返す。

●ヒット・アンド・ブロー

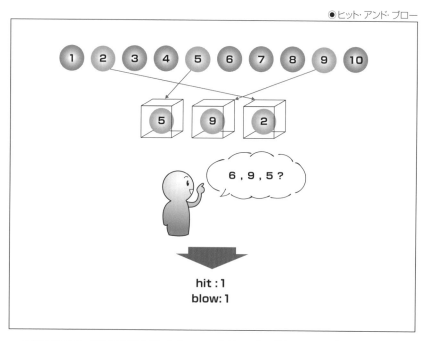

最初は当てずっぽうに回答するしかないのですが、ヒットの数とブローの数をヒントにし、徐々に正解をあぶり出していくという形で進行していきます。

Webブラウザで「ヒット・アンド・ブロー」と検索すると、実際に遊べるサイトを簡単に見つけられます。ゲームについてのイメージを固めておくために、コードを書く前に一度、Webサイト上で遊んでみるのもよいでしょう。

また、ヒット・アンド・ブローの実装ができたら、ゲームの開始や終了など汎用的な処理を行うための上位機構も作成していきます。具体的には、次のようなフローでゲームを遊べるようになります。

● 最終的なフロー

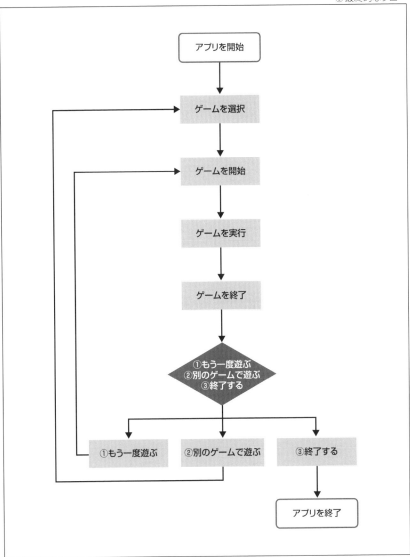

ゲームを選択できるようになっているので、ヒット・アンド・ブロー以外のゲームも遊べるようになっていることがわかります。

2つ目以降のゲームの実装に関してはそこまで本質的ではないので、本書の中では便宜的にじゃんけんアプリをコピー&ペーストで追加する形にしています。当然、勉強のためにオリジナルのゲームアプリを追加しても構いません。

もしご自身で新たなゲームを追加することになったとしても、「どんなコードを書けばよいのか」についての最低限の道筋はTypeScriptが示してくれるはずです。

環境構築

　アプリケーションコードを書いていく前に、開発を行うための環境構築を行いましょう。Type
Scriptの導入に関しては、ここまでの説明でやってきたこととほとんど変わりません。Node.js
環境特有のセットアップ方法だけ押さえておきましょう。

▌作業環境の準備

　まずは、TypeScriptでアプリケーションを開発するための環境を構築していきましょう。

▶「package.json」の用意

　ターミナルを開き、任意のディレクトリで次のコマンドを実行します。

```
$ mkdir node-app
$ cd node-app
$ npm init -y
```

　これで、**node-app** ディレクトリに **package.json** が追加された状態になりました。
次に、下記のコマンドを実行してTypeScriptをプロジェクトにインストールします。

```
$ npm install -D typescript@4.3.5
```

　@4.3.5 というのは、TypeScript のバージョン指定です。npmパッケージを追加する際
は、パッケージ名の後ろに **@x.x.x** のように記述することで任意のバージョンをインストールで
きます。何も指定がなければ、その時点での最新バージョンがインストールされますが、今回
は動作を確約するためにこのようなバージョン指定を入れています。

　この時点で、**node_modules** ディレクトリと、**package-lock.json** が作成されたこと
を確認してください。

▶「.ts」ファイルのコンパイル

　TypeScriptがプロジェクトにインストールされたということで、コンパイルができるところまで設
定を行っていきましょう。

　まず、**src** ディレクトリを作成し、**index.ts** ファイルを追加します。

```
$ mkdir src
$ touch src/index.ts
```

　src/index.ts には、コンパイルの確認用に次のような仮のコードを書いておきます。

SAMPLE CODE src/index.ts

```
const sayHello = (name: string) => {
  return `Hello, ${name}!`
}


console.log(sayHello('Michael Jackson'))
```

package.json に scripts のブロックを追加し、src/index.ts をコンパイルするためのnpm scriptsを定義します。

SAMPLE CODE package.json

```
{
  // 省略
  "scripts": {
-   "test": "echo \"Error: no test specified\" && exit 1"
+   "build": "tsc",
+   "dev": "tsc -w"
  },
  // 省略
  "devDependencies": {
    "typescript": "^4.3.5"
  }
}
```

build は、TypeScriptのコンパイラを走らせる tsc コマンドに対応しています。

dev には tsc -w というコマンドが対応付けられています。 -w オプションは --watch のエイリアスです。このオプションがあると、ファイルが監視され、変更が入るごとにビルドを自動で実行してくれるようになります。開発中はこのオプションを付けておけば、いちいちコンパイルのコマンドを手動で実行する必要がなくなります。

tsc によるコンパイルを実行するためには tsconfig.json が必要になるので、次のコマンドでファイルを作成します。

```
$ touch tsconfig.json
```

そして、tsconfig.json に次の設定を追加します。

SAMPLE CODE tsconfig.json

```
+ {
+   "compilerOptions": {
+     "outDir": "./dist",
+     "rootDir": "./src"
+   }
+ }
```

この状態で `$ npm run build` を実行してみてください。無事、`dist` ディレクトリ内に `index.js` が出力されたでしょうか。

また、このタイミングで `"strict": true` の設定も追加しておきましょう。

SAMPLE CODE tsconfig.json

```
{
  "compilerOptions": {
    "outDir": "./dist",
-   "rootDir": "./src"
+   "rootDir": "./src",
+   "strict": true
  }
}
```

このオプションは、TypeScriptのコンパイラの「縛りの強さ」に関する設定です。 `true` が指定されているといくつかのTypeScriptコンパイラのルールが有効になり、より厳しいルールのもとコードを書けるようになります。新規でプロジェクトを立ち上げる場合は `true` を設定しておくのがよいでしょう。

具体的にどのようなルールが有効になるのかは、CHAPTER 04で説明します。

▶ 実行コマンドの追加

最後に、コンパイル後のコードの実行コマンドを追加していきましょう。

次のように `package.json` を編集します。

SAMPLE CODE package.json

```
{
  // 省略
  "scripts": {
    "build": "tsc",
-   "dev": "tsc -w"
+   "dev": "tsc -w",
+   "start": "node dist/index.js"
  },
  // 省略
}
```

この状態で、`$ npm run start` を実行してみましょう。ターミナル上に `Hello, Michael Jackson!` と表示されれば成功です。

Node.js環境用のセットアップ

今回作っていくのはNode.jsのアプリケーションなので、Node.jsの機能を使えるようにセットアップしていきましょう。

▶ Node.jsの型定義の追加

Node.jsのコードを書くためには少しだけ追加の設定が必要になります。

左余白: 01 02 **03** Node.jsで動くアプリケーションを作ってみよう 04 05 A

まずは、`src/index.ts` の `console.log` の部分を `process.stdout.write` に変更してみます。

`process.stdout.write` は、機能としては `console.log` とほとんど同じで、与えられた値を標準出力する関数です（Node.js環境の `console.log` は内部的に `process.stdout.write` が実行されています）。

SAMPLE CODE src/index.ts

```
const sayHello = (name: string) => {
  return `Hello, ${name}!`
}

- console.log(sayHello('Michael Jackson'))
+ process.stdout.write(sayHello('Michael Jackson'))
```

この変更を加えた時点で、**process** の部分にVS Code上で赤線が引かれ、次のようなエラーが表示されてしまいました。

```
`Cannot find name 'process'.`
```

このエラーがあることで、コンパイルも通らなくなっています。このエラーは、**process** というモジュールの型定義がどこにも書いてないということを告げるエラーです。これはどういうことでしょうか。

JavaScriptという言語にはさまざまな実行環境があります。基本的な実行環境としてはNode.jsと各種ブラウザというということになりますが、**osascript** コマンドを使えばMacの標準環境で実行できますし、**wscript** コマンドを使えばWindowsの標準環境でも実行できます。

実行環境が定まっていないということは、それぞれの実行環境で使える機能も変わってきてしまうということです。

今回使おうとしている **process** というのはNode.jsのモジュールであって、ブラウザ環境には存在しないものです。そのため、**process** というモジュールを使用する場合は、Node.jsの機能に関する「型定義ファイル」を用意する必要があります。

Node.js の型定義ファイルは、npm上にあるものをインストールする形で適用します。次のコマンドを実行して、型定義ファイルをプロジェクトに追加しましょう。型定義ファイルはアプリケーションの実行時には使用しないファイルなので、**-D** オプション（ **--save-dev** の省略系）を付けています。

```
$ npm install -D @types/node@16.4.13
```

これで、**node_modules** にv16.4.13の型定義ファイルが追加されました。 **src/index.ts** を確認して、エラーの表示が消えていることを確認してみてください。

型定義ファイルに関しては、CHAPTER 04で詳しく説明します。

対話用の関数を書いてみよう

次に、対話用の関数を定義していきましょう。ここで作成する関数は、アプリケーションの中で使い回せるような汎用的な作りにしておきます。

▌printLine関数の追加

まずは、受け取った値を出力するだけの関数 `printLine` を書いてみます。 `src/index.ts` の中の動作確認のための記述をすべて削除し、次のように書き換えます。

SAMPLE CODE src/index.ts

```
const printLine = (text: string, breakLine: boolean = true) => {
  process.stdout.write(text + (breakLine ? '\n' : ''))
}
```

`printLine` は、第1引数の `text` に出力する文字列、第2引数の `breakLine` に改行するかどうかの真偽値を受け取ります。

`breakLine` の引数の定義箇所に `= true` と書かれていますが、これは関数の引数のデフォルト値を指定するJavaScriptのシンタックスです。JavaScriptでは、引数に何も値を与えずに関数を呼び出した場合、その引数の値は `undefined` となります。しかし、デフォルト値を設定することで、引数が省略された場合に任意の値とすることができます。

ポイントとしては、TypeScriptにおいて引数のデフォルト値を指定した場合は、その引数はオプショナルの状態となることです。つまり、先ほど追加した `printLine` 関数は、デフォルト引数のシンタックスを使用しなかった場合、オプショナルであることを示す `?` を使用して次のように書くのと同等であるということです。

```
const printLine = (text: string, breakLine?: boolean) => {
  if (breakLine === undefined) {
    breakLine = true
  }
  // 省略
}
```

なお、デフォルト値を記述した時点でその引数がオプショナルであることは自明なので、デフォルト値の記述とオプショナルのシンタックス(`?`)を同時に使うことはできません。

```
// エラー (Parameter cannot have question mark and initializer.)
const printLine = (text: string, breakLine?: boolean = true) => {
  // 省略
}
```

▓ promptInput関数の追加

次に、ユーザーに質問を投げかけ、入力をしてもらうための関数 `promptInput` を追加します。今回作るのは対話形式のゲームアプリケーションなので、このような関数が必要となってきます。

SAMPLE CODE src/index.ts

```
+const promptInput = async (text: string) => {
+  printLine(`\n${text}\n> `, false)
+  const input: string = await new Promise((resolve) => process.stdin.once('data', (data) =>
+                        resolve(data.toString())))
+  return input.trim()
+}
```

関数内の1行目では、受け取った引数をそのまま `printLine` に渡しています。ここで質問文が出力されます。

次の行では、`Promise` を使用して非同期処理に突入し、その中でユーザーからの入力を待つ処理が入っています。`async` と `await` を使って `Promise` からの返り値を扱っていることに注目してください。`Promise` は `then` を使って返り値を受け取る方法もありますが、ネストが深くなるシンタックスを避けるために、`async` と `await` を使って実装しています。

`Promise` の中で呼ばれている `process.stdin.once` は、データを一度だけ受け取る `process.stdin` のメソッドです。`'data'` イベントを登録することで、必要なデータが揃い次第それを返すという挙動になります。これによって、ユーザーからの入力を受け取れるようになります。具体的には、ターミナル上でEnterキーが入力されたタイミングで入力されている文字列データを読み取ることになります。

現状、返り値を格納する `input` 変数には、何が入ってくるかわからない状態です。`input: string` として、変数が文字列型であることを示しておきましょう。

最終行で `input.trim()` をしているのは、改行コードを取り除くためです。ターミナルから `process.stdin.once` で読み込んだデータには改行が含まれてしまうため、それを消しています。

▶ 動作確認

さて、これで質問を投げかけ、ユーザーからの入力を受け取る処理が出来上がりました。次のようなコードで動作確認をしてみましょう。わざわざ即時関数で囲んでいるのは、`async`、`await` を使用するためです。

SAMPLE CODE src/index.ts

```
+;(async () => {
+  const name = await promptInput('名前を入力してください')
+  console.log(name)
+  const age = await promptInput('年齢を入力してください')
+  console.log(age)
+  process.exit()
+})()
```

$ npm run build を実行してから、$ npm run start を実行してみます。すると、ターミナルでこのような対話ができたのではないでしょうか。

```
$ npm run start

名前を入力してください
> Michael Jackson
Michael Jackson

年齢を入力してください
> 20
20
```

この動作が確認できれば、対話型のゲームを作るための準備は完了です。次節からは、実際のアプリケーションのコードを書いていきましょう。

SECTION-012

ゲームの処理を書いてみよう

TypeScriptの開発環境が整い、アプリケーション内で使い回せる汎用的な関数が用意できたところで、具体的なアプリケーションのコードを書いていきましょう。ここでは、ヒット・アンド・ブローのゲームのロジックに焦点を絞ってコードを書いていきます。

また、ここからは基本的に $ npm run dev が実行され、ファイルの監視と自動コンパイルが行われているという前提で話を進めていきます。途中、動作確認をするために何度か $ npm run start を実行することになりますが、実行結果が意図したものと違う場合は、TypeScriptのファイルのコンパイルがされていることをまず確認してみてください。

▌「HitAndBlow」クラスの作成

さて、それでは実際のアプリケーションのコードを書いていきましょう。

▶ クラスの作成

すべての処理を手続き的に書いていくとコードの見通しが悪くなるので、HitAndBlow クラスを作成してオブジェクト指向的にコードを書くことにします。

HitAndBlow クラスは、次のようなプロパティを持たせることにしましょう。

プロパティ	説明
answerSource	答えの選択肢となりえる文字列の配列（今回は'0'から'9'の値）
answer	ユーザーの回答の文字列の配列（['5', '9', '1']のような値）
tryCount	試行回数の数値

これらを型で表現すると次のようになります。

```
answerSource: string[]
answer: string[]
tryCount: number
```

TypeScript上でClassの機能を利用する場合は、通常のJavaScriptのシンタックスに加えて、各プロパティの型を別途、宣言しておく必要があります。たとえば、Person クラスが name プロパティを持っている場合は、次のようになります。

```
class Person {
  name: string // ここに型宣言が必要

  constructor() {
    this.name = 'Michael Jackson'
  }
}
```

この型宣言は、クラスのプロパティの宣言に型情報を加えただけなので、記述箇所はクラス内のどこでも大丈夫です。ただし、可読性のためには先頭に書いておくのが望ましいでしょう。

例のコードを参考にしつつ、次のように **HitAndBlow** クラスのコードを書いていきましょう。

SAMPLE CODE src/index.ts

```
+class HitAndBlow {
+  answerSource: string[]
+  answer: string[]
+  tryCount: number
+
+  constructor() {
+    this.answerSource = ['0', '1', '2', '3', '4', '5', '6', '7', '8', '9']
+    this.answer = []
+    this.tryCount = 0
+  }
+}
```

constructor 内では、各プロパティの初期化を行っています。**answerSource** は、**'0'** から **'9'** の文字列をハードコーディングしています。**answer** は、インスタンスの作成時点ではまだユーザーの回答はないので空配列です。**tryCount** も同様にインスタンスの作成時点では **0** となります。

▶ インスタンスの作成

それでは、挙動を確かめるためにこの **HitAndBlow** クラスのインスタンスを作ってみましょう。先ほど書いた即時関数内を次のように編集します。

SAMPLE CODE src/index.ts

```
 ;(async () => {
-  const name = await promptInput('名前を入力してください')
-  console.log(name)
-  const age = await promptInput('年齢を入力してください')
-  console.log(age)
-  process.exit()
+  const hitAndBlow = new HitAndBlow()
 })()
```

HitAndBlow クラスのインスタンスを作成しただけなので、これだけでは意味のないコードですが、コンパイルとビルドファイルの実行ができれば挙動に問題がないことが確かめられます。

▶ クラスと型

　ここで少しTypeScriptにおけるクラスについて紹介します。

　エディタ上で、**hitAndBlow** の変数の型を確認してみましょう。すると、**hitAndBlow** 変数は **HitAndBlow** 型であることがわかります（VS Codeであれば、変数にカーソルをホバーするだけで型情報が表示されます）。

　しかし、**HitAndBlow** は型情報ではなく、クラスのはずです。これはどういうことでしょうか。

　実は、TypeScriptでは、宣言されたクラスを型情報として使えるのです。そのため、たとえば次のように、必要に応じて型アノテーションとしてもクラスを使えます。

```
const game: HitAndBlow = new HitAndBlow()
```

　そして、先ほどのコードで確認したように、クラスのインスタンスはそのクラスの型になるというのも重要なポイントです。44ページでも紹介したように、インスタンスの作成時には型推論がなされるので、わざわざ変数宣言に型アノテーションを付与する必要はありません。

```
const game = new HitAndBlow() // game は HitAndBlow 型に推論されている
const name: string = game // エラー（string 型に HitAndBlow は入らない）
```

● HitAndBlow型はどういう型なのか？

　では、現状の **HitAndBlow** クラスというのは一体どういう型なのでしょうか。

　JavaScriptにおけるクラスのインスタンスというのが本質的にはただのオブジェクトであることを思い出してみましょう。そうすると、**HitAndBlow** クラスのインスタンスというのは、**answerSource** 、**answer** 、**tryCount** という3つのプロパティを持ったオブジェクトということになります。

　オブジェクトの型は、interfaceを使って表せることを41ページで紹介しました。そして、**answerSource** 、**answer** 、**tryCount** という3つのプロパティを持ったオブジェクトを型で表そうとすると、次のようになります。

```
interface HitAndBlowInterface {
  answerSource: string[]
  answer: string[]
  tryCount: number
}
```

　このとき、**HitAndBlow** と **HitAndBlowInterface** は、型レベルでは共通のオブジェクトを表していることになるので、たとえば次のようなコードはエラーにはなりません。

```
class HitAndBlow {
  // 省略
}

// HitAndBlow クラスのプロパティと同じものを用意する
interface HitAndBlowInterface {
```

```
  answerSource: string[]
  answer: string[]
  tryCount: number
}
```

```
const game: HitAndBlowInterface = new HitAndBlow() // 問題なく代入できる
```

もしここで、**HitAndBlowInterface** に `name: string` といったようなプロパティを新たに追加するとどうなるでしょうか。その場合は、**HitAndBlow** クラスに `name: string` のプロパティがないということで、次のようにコンパイルエラーとなります。

```
class HitAndBlow {
  // 省略
}

interface HitAndBlowInterface {
  answerSource: string[]
  answer: string[]
  tryCount: number
  name: string // HitAndBlow クラスにないプロパティを追加する
}

// エラー (Property 'name' is missing in type 'HitAndBlow' but required in type
//        'HitAndBlowInterface'.)
const game: HitAndBlowInterface = new HitAndBlow()
```

これらの挙動からわかるように、TypeScript上でクラスを型として扱うことはinterfaceで宣言したオブジェクト型を扱うこととほぼ同義で、取り立てて新しい概念ではないことがわかります。

このイメージを持っていると、TypeScriptではクラスを型として扱えるという仕組みにも納得できるのではないでしょうか。

▉▉▉ 「HitAndBlow」クラスのリファクタリング①

まだ **HitAndBlow** には3つのプロパティとそれらの初期値をセットする **constructor** しか書かれていませんが、この時点ですでにリファクタリングできる点があります。

▶ プロパティの初期値のセット

現状はクラスにプロパティを型情報とともに宣言し、**constructor** でそれらのプロパティに値をセットするという形になっています。

しかし、これだけの処理であれば、実は **constructor** を使用するまでもありません。次のように、プロパティの宣言の時点でプロパティの初期値のセットをしてしまうことにしましょう。

SAMPLE CODE src/index.ts

```
  class HitAndBlow {
-   answerSource: string[]
-   answer: string[]
-   tryCount: number
-
-   constructor() {
-     this.answerSource = ['0', '1', '2', '3', '4', '5', '6', '7', '8', '9']
-     this.answer = []
-     this.tryCount = 0
-   }
+   answerSource: string[] = ['0', '1', '2', '3', '4', '5', '6', '7', '8', '9']
+   answer: string[] = []
+   tryCount: number = 0
  }
```

クラスのプロパティの初期値のセットは、特に計算処理を行わないのであれば、わざわざ **constructor** を介す必要はありません。これはTypeScriptの機能ということではなく、ES 2022に入る**Class Fields**という機能です。ES2022との違いは、型アノテーションの有無のみです。

また、その型アノテーションでさえ、不要な場合は付与する必要はありません。次のように、不要な型アノテーションは削除してしまいましょう。

SAMPLE CODE src/index.ts

```
  class HitAndBlow {
-   answerSource: string[] = ['0', '1', '2', '3', '4', '5', '6', '7', '8', '9']
+   answerSource = ['0', '1', '2', '3', '4', '5', '6', '7', '8', '9']
    answer: string[] = []
-   tryCount: number = 0
+   tryCount = 0
  }
```

この場面では、**answerSource** と **tryCount** に関しては型の推論が正しくされているので、型アノテーションを削除しています。

一方、**answer** に関しては初期値が空配列で、この初期値だけではどんな型の配列が期待されているのかわかりません。そのため、**string[]** の型アノテーションは残しておく必要があります。

III ゲーム開始時の処理の追加

`HitAndBlow` クラスのプロパティと初期値が定まったところで、具体的なゲームの処理を書いていきましょう。

▶「setting」メソッドの追加

まず追加するのは、ゲーム開始時の処理です。

ゲームが開始されるとき、ユーザーからの入力を受け付ける前に、正解となる答えの組み合わせ（たとえば `['5', '9', '1']` のような値）を決定しておく必要があります。この組み合わせの値を、`answer` プロパティに格納し、ユーザーの入力と照らし合わせて、ヒットの数とブローの数を計算していくという流れになるわけです。

ゲームが始まる前に行う設定処理なので、`setting` という名前でメソッドを作成することにしましょう。即時関数内で呼び出す記述も追加しておきます。

SAMPLE CODE src/index.ts

```
  class HitAndBlow {
    // 省略
+   setting() {
+   }
  }

  ;(async () => {
    const hitAndBlow = new HitAndBlow()
+   hitAndBlow.setting()
  })()
```

`setting` メソッド内では、次のようなアルゴリズムでランダムな正解の値を決定します。

1 「answerSource」からランダムに値を1つ取り出す。

2 その値がまだ使用されていないものであれば、「answer」配列に追加する。

3 「answer」配列が所定の数埋まるまで 1 ～ 2 を繰り返す。

この処理をコードに起こしていくと、次のようになります。

SAMPLE CODE src/index.ts

```
    setting() {
+     const answerLength = 3
+
+     while (this.answer.length < answerLength) {
+       const randNum = Math.floor(Math.random() * this.answerSource.length)
+       const selectedItem = this.answerSource[randNum]
+       if (!this.answer.includes(selectedItem)) {
+         this.answer.push(selectedItem)
+       }
+     }
    }
```

answerLength は、正解の値の数です。現状はハードコーディングしていますが、後ほどリファクタリングしていきます。 while 文中の selectedItem には、this.answerSource からランダムに選ばれた値が格納されるようになっています。そして、this.answer がすでにその値を持っているかを確認して、持っていなければ追加しています。

これで、this.answerSource の値からランダムに正解を決定できるようになりました。

▶ 組み込みメソッドの型の確認

今回追加したコード内では、includes や push などの配列操作のメソッドが何気なく使われていますが、実はここでもTypeScriptの型チェックの機能は効いています。

試しに、answerSource プロパティの初期値を ['0', '1', '2', '3', '4', '5', '6', '7', '8', '9'] から [0, 1, 2, 3, 4, 5, 6, 7, 8, 9] に変更してみましょう。このとき、this.answer.includes 部分と this.answer.push 部分で次のような型エラーが発生するはずです。

```
> Argument of type 'number' is not assignable to parameter of type 'string'.
```

これは、string[] 型である this.answer が呼び出す includes や push などの配列のメソッドは、number型の selectedItem は引数には取れないためです。 selectedItem がnumber型であるというのは、this.answerSource プロパティの値から推論されたものです。

このように、TypeScriptの型推論機能のおかげで、誤った型のデータを扱ってしまうことを未然に防げるのです。

ゲームのロジックの追加

それでは、HitAndBlow クラスの核となる、ゲームのロジック部分を作っていきましょう。

▶ 「play」メソッドの追加

ゲームそのものの処理ということで play という名前のメソッドを作っていきます。次のようにコードを編集してください。

SAMPLE CODE src/index.ts

```
 class HitAndBlow {
   // 省略
+  async play() {
+    const inputArr = (await promptInput('「,」区切りで3つの数字を入力してください')).split(',')
+  }
 }

 ;(async () => {
   const hitAndBlow = new HitAndBlow()
   hitAndBlow.setting()
+  await hitAndBlow.play()
 })()
```

ゲームはユーザーの入力を受け付けるところから始まるので、`play` メソッドの中で、ユーザーからの入力を受け付ける `promptInput` を呼び出すようにします。 `promptInput` は内部的に **Promise** を使った非同期処理なので、それを使用する側である `play` メソッドでも、*async* と *await* を適宜、書いておく必要があります。ユーザーにはカンマ区切りで数値を入力してもらうので、`promptInput` の返り値を `split(',')` して、配列形式で値を受け取るようにしています。

これで、`inputArr` にはユーザーが入力した値をもとに、たとえば、`['5', '9', '1']` といったような配列形式の値が入ってくることになります。

▶「check」メソッドの追加

次に、受け取った値のヒットの数とブローの数を算出する処理が必要となってきます。ここでは、`check` メソッドとしてその処理を切り出しておきましょう。

コードは次のようになります。

SAMPLE CODE src/index.ts

```
  class HitAndBlow {
    // 省略
    async play() {
      const inputArr = (await promptInput('「,」区切りで3つの数字を入力してください')).split(',')
+     const result = this.check(inputArr)
    }
+
+   check(input: string[]) {
+     let hitCount = 0
+     let blowCount = 0
+
+     input.forEach((val, index) => {
+       if (val === this.answer[index]) {
+         hitCount += 1
+       } else if (this.answer.includes(val)) {
+         blowCount += 1
+       }
+     })
+
+     return {
+       hit: hitCount,
+       blow: blowCount,
+     }
+   }
  }
```

`check` メソッド内では、`setting` メソッド内で決定された *answer* の値を参照しながら、ヒットの数とブローの数を算出しているだけです。また、ここで返される値は、`{ hit: number; blow: number }` という型のオブジェクトです。

play メソッド内で新たに定義されている result 変数の型を確認してみましょう。きちん
と { hit: number; blow: number } 型になっていることが確認できるはずです。

▶「check」に応じた処理の追加

それでは、check メソッドの結果に応じた処理を play メソッド内に書いていきましょう。
次のような挙動となるようにします。

1 ヒットの数が「answer」の数と同じなら正解として終了する。

2 ヒットの数が「answer」の数と異なれば不正解とし、ヒットの数とブローの数をヒントとして
出力する。その後、再び「play」メソッドを実行する。

この処理を実際のコードにしてみると、次のようになります。

SAMPLE CODE src/index.ts

```
class HitAndBlow {
  // 省略
  async play() {
    const inputArr = (await promptInput('「,」区切りで3つの数字を入力してください')).split(',')
    const result = this.check(inputArr)
+
+    if (result.hit !== this.answer.length) {
+      // 不正解だったら続ける
+      printLine(`---\nHit: ${result.hit}\nBlow: ${result.blow}\n---`)
+      this.tryCount += 1
+      await this.play()
+    } else {
+      // 正解だったら終了
+      this.tryCount += 1
+    }
  }
}
```

ヒントの出力には、printLine 関数を使用しています。

また、正解・不正解いずれのケースも tryCount をインクリメントしていることに着目してく
ださい。 tryCount は、ゲーム終了時に試行回数が何回だったのかの表示に使います。

▌「HitAndBlow」クラスのリファクタリング②

このタイミングで、再び HitAndBlow クラスにリファクタリングを加えていきましょう。

▶「private」修飾子の活用

着目する点は、各プロパティとメソッドの宣言部分です。

現状、すべてのプロパティとメソッドは外部からの参照が可能で、かつ書き換えも可能な状
態となっています。クラスのプロパティやメソッドというのは、平たくいえばオブジェクトの1つの値
にすぎないので、この挙動は当然です。

しかし、これらは実際にはクラス外から参照可能であるべきものと、クラス内でのみ参照可能なものに分かれているべきです。なぜなら、たとえば **tryCount** が外部から参照できてしまい、かつ書き換え可能な状態だと、何かの拍子に書き換えられ、実態と合わないデータを持ってしまう可能性があるからです。

次のコードでは、本来は試行回数に応じてインクリメントされるべき **tryCount** の値を、外部から変更できてしまうことを示しています。

```
const hitAndBlow = new HitAndBlow()
console.log(hitAndBlow.tryCount) // 0
hitAndBlow.tryCount = 5
console.log(hitAndBlow.tryCount) // 5
```

このような挙動を防ぐために、TypeScriptには **private** という修飾子が存在しています。**private** 修飾子は、その名の通り特定のプロパティやメソッドが内部からのみ参照可能なものであることを示すものです。**private** なプロパティを外部から参照しようとしたり、**private** なメソッドを外部から呼び出したりしようとするようなコードを書くと、コンパイルエラーが発生します。

現状の **HitAndBlow** クラスのプロパティは、すべて外部から参照できる必要のないデータなので、次のように **private** 修飾子を追加していきましょう。

SAMPLE CODE src/index.ts

```
class HitAndBlow {
-   answerSource = ['0', '1', '2', '3', '4', '5', '6', '7', '8', '9']
-   answer: string[] = []
-   tryCount = 0
+   private answerSource = ['0', '1', '2', '3', '4', '5', '6', '7', '8', '9']
+   private answer: string[] = []
+   private tryCount = 0
    // 省略
}
```

private 修飾子は、プロパティの宣言箇所に追記するだけです。この状態で、先ほどのように外部から **tryCount** プロパティを参照してみるとどうなるでしょうか。

```
const hitAndBlow = new HitAndBlow()
// エラー (Property 'tryCount' is private and only accessible within class 'HitAndBlow'.)
console.log(hitAndBlow.tryCount)
```

「'tryCount'はprivateなフィールドなのでアクセスできません」という内容のエラーが発生しました。参照ができないのだから、当然、外部から値を書き換えることもできません。

```
const hitAndBlow = new HitAndBlow()
// エラー (Property 'tryCount' is private and only accessible within class 'HitAndBlow'.)
hitAndBlow.tryCount = 5
```

private 修飾子は、プロパティだけでなくメソッドにも付与できます。

今回の HitAndBlow クラスには、現状、setting 、play 、check の3つのメソッドが実装されていますが、このうち、check メソッドに関しては、play メソッド内からのみ呼び出されるものです。外部からアクセス可能である必要はないので、private 修飾子を付与しておきましょう。

SAMPLE CODE src/index.ts

```
-   check(input: string[]) {
+   private check(input: string[]) {
      // 省略
    }
```

これで、check メソッドは HitAndBlow のクラス内でのみ利用可能な機能であることを仕組みレベルで担保できるようになりました。

● 「public」修飾子

private 修飾子を使って特定のプロパティやメソッドの外部からのアクセスを制限できることを説明しましたが、この private と対応関係にあるのが public 修飾子です。public 修飾子は読んで字のごとく、外部から参照が可能であることを明示するためのものです。

外部から参照したり書き換えたりすることを許可するものに関しては、次のように public 修飾子を付与します。

```
class Person {
  public name = '' // 外部から値を入れることを想定
  public sayHello() {  // 外部から呼び出すことを想定
    console.log(`Hello, #{this.name}!`)
  }
}

const person = new Person()
person.name = 'Michael Jackson'
person.sayHello()
```

このコードを見て、「public 修飾子を付けたときと何も付けなかったときでは何が違うのか?」と思った方もいるかもしれませんが、実はどちらも挙動に違いはありません。

TypeScriptでクラスを使用した場合、そのプロパティやメソッドはデフォルトで public の扱いとなります(「TypeScriptで」と言いましたが、JavaScriptでも同じです)。

そのため、必ずしも public 修飾子は付与する必要はありません。

● 「protected」修飾子

発展的な修飾子として、protected 修飾子というものも存在します。protected 修飾子が付けられたプロパティやメソッドは、継承クラス内でのみ参照可能なものになります。

本書では詳しくは取り扱いませんが、このような修飾子があるということだけ覚えておきましょう。

▶「readonly」修飾子の活用

さらに、**readonly** 修飾子も追加していきましょう。

38ページの説明で、TypeScriptでは、オブジェクトの値を読み取り専用にするキーワードとして **readonly** 修飾子というものが存在するという説明をしましたが、クラスのプロパティに対しても同じ対応を行えます。

readonly の付いたプロパティは、**constructor** 内での初期代入か、プロパティの宣言時の初期代入以外では代入が不可能になります。

次のコードでは、プロパティの宣言で **readonly** の付いたプロパティに値を代入しようとするとコンパイルエラーになる様子を示しています。

```
class Person {
  readonly name = 'Michael Jackson' // readonly 修飾子を付与

  setName(newName: string) {
    // エラー (Cannot assign to 'name' because it is a read-only property.)
    this.name = newName
  }
}
```

さて、**HitAndBlow** クラスに関しては、**answerSource** プロパティがその対象となるべきでしょう。なぜなら、['0', '1', '2', '3', '4', '5', '6', '7', '8', '9'] という値を書き換えることはありえないからです。

次のようにコードを修正していきます。

SAMPLE CODE src/index.ts

```
  class HitAndBlow {
-   private answerSource = ['0', '1', '2', '3', '4', '5', '6', '7', '8', '9']
+   private readonly answerSource = ['0', '1', '2', '3', '4', '5', '6', '7', '8', '9']
    // 省略
  }
```

readonly を付けことで、**answerSource** が何かの拍子に上書きされてしまう心配がなくなりました。

また、修正したコードを見ればわかる通り、**readonly** は **private** などと併用が可能です。

private readonly と指定されたプロパティは、「クラス内部」（= **private**）で「値の参照のみ」（= **readonly**）可能ということになります。

private や **readonly** の修飾子を加えていくことで、そのプロパティやメソッドがどのように使われることを想定しているかをコード上で表現できるようになります。

private や **readonly** にあたる機能は現時点ではJavaScriptにはなく、TypeScriptでのみ使用可能な非常に強力な機能です。TypeScriptを使っている以上、利用しない手はないので、意識的に使っていきましょう。

| COLUMN | JavaScriptのプライベートフィールドの提案 |

JavaScriptには **private** にあたる機能は存在しないと説明しましたが、実はこれに近い機能がES2022に入ることになっています。

フィールド宣言の際に **#** を付けるというシンタックスで、プロパティの接頭辞として付与する形になっています（メソッドに対しては有効ではありません）。

次のJavaScriptのコードは、**Person** クラスで **#name** というプライベートなプロパティを使用した例です。Node.jsのv12以上、Chrome、Safariの最新版で動作します。

```
class Person {
  #name = '' // フィールド宣言時に `#` を付与する
  setName(name) {
    this.#name = name
  }
}

const person = new Person()
person.setName('Michael Jackson')
// エラー (Private field '#name' must be declared in an enclosing class.)
console.log(person.#name)
```

Chromeで実行したところ、最終行でプライベートフィールドへのアクセスということでエラーが発生していることがわかります（Chromeではまだエラー内容は実態に即したものになっていないように見えます）。

そして、**#name = ''** のフィールド宣言部分については、TypeScriptではすでに実装されている機能ですが、JavaScriptとしてはプライベートフィールド機能（**#**）同様、ES2022に盛り込まれるものになっています。

ちなみに、**#** を使ったプライベートフィールドの宣言は、TypeScriptでもv3.8から実装されています。つまり、先ほどのコードはTypeScript環境では正しいコードとしてコンパイルできる状態であるということです（コンパイル後のコードはES2015以上の環境でないと動かないので注意してください）。

14ページではTypeScriptはECMAScriptのスーパーセットであるという説明をしましたが、この **#** の実装状況はまさにスーパーセットとしての立ち位置を体現しているといえるのではないでしょうか。

III ゲーム終了時の処理の追加

現状のコードではゲームをクリアした後、そのまま自動的にプロセスが終了する形になっていますが、最後に何手でクリアできたかの情報は出してあげるようにしましょう。

▶「end」メソッドの追加

次のように HitAndBlow クラスに end メソッドを追加しましょう。

SAMPLE CODE src/index.ts

```
  class HitAndBlow {
    // 省略
+   end() {
+     printLine(`正解です！\n試行回数: ${this.tryCount}回`)
+     process.exit()
+   }
    // 省略
  }
```

最後に、即時関数の中で呼び出すことも忘れないでください。

SAMPLE CODE src/index.ts

```
;(async () => {
    // 省略
    await hitAndBlow.play()
+   hitAndBlow.end()
})()
```

これで、最後に試行回数を確認できるようになりました。

▶動作確認

この時点でゲームがある程度、出来上がっているので、動作確認をしてみましょう。コンパイルがされていない場合は $ npm run build を実行してから、$ npm run start を実行します。

次のような表示でゲームが遊べれば問題ありません。

```
$ npm run start

「,」区切りで3つの数字を入力してください
> 1,2,3
---
Hit: 0
Blow: 1
---

「,」区切りで3つの数字を入力してください
> 5,3,7
正解です！
試行回数: 2回
```

▋▋ バリデーションの追加

この時点のコードでもアプリケーション自体は動くようになっていますが、1箇所だけユーザーに対してやや不親切な挙動になっている箇所があります。

それは、`play` メソッド内の `promptInput` でどんな入力も受け付けてしまっているせいで、こちらが想定していないような入力がされたときも試行回数（`tryCount`）が増えてしまう点です。

その箇所に対してバリデーションを追加していきましょう。

▶「validate」メソッドの追加

バリデーションが必要となっているのは、`play` メソッド内でユーザーからどんな種類の文字列でも受け付けるようになってしまっているところです。アプリケーション上で想定しているのは本来は次の条件に当てはまるものだけです。

- 受け取る文字列の数が、「answer.length」個である
- それぞれの文字列が、「answerSource」に含まれるいずれかの文字列である
- それぞれの文字列に重複がない

これらの条件に当てはまらないような文字が入力された場合は、試行回数（`tryCount`）を増やさずに、もう一度ユーザーからの入力を求めるような挙動に変更していきましょう。

まずは、`HitAndBlow` クラス内に `validate` メソッドを追加していきます。

`validate` メソッドは `string[]` 型の引数をとり、それらに対して先ほどの3つの条件に合致するか検査していく形になります。

3つの変数 `isLengthValid`、`isAllAnswerSourceOption`、`isAllDifferentValues` が、それぞれ先ほどの3つの条件に対応しています。すべてが `true` ならバリデーションを通過ということになります。

SAMPLE CODE src/index.ts

```
  class HitAndBlow {
    // 省略
+   private validate(inputArr: string[]) {
+     const isLengthValid = inputArr.length === this.answer.length
+     const isAllAnswerSourceOption = inputArr.every((val) => this.answerSource.includes(val))
+     const isAllDifferentValues = inputArr.every((val, i) => inputArr.indexOf(val) === i)
+     return isLengthValid && isAllAnswerSourceOption && isAllDifferentValues
+   }
  }
```

`validate` メソッドはクラスの内部でのみ使われることを想定しているので、`private` 修飾子を忘れずに付けておきましょう。

`validate` メソッドは `play` メソッドの中で使用し、もし結果が `false` であればその旨を伝えた上で、再度、`play` を実行するようにしましょう。

SAMPLE CODE src/index.ts

```
class HitAndBlow {
  // 省略
  async play() {
    const inputArr = (await promptInput('選択肢を「,」区切りで入力してください。')).split(',')
+
+   if (!this.validate(inputArr)) {
+     printLine('無効な入力です。')
+     await this.play()
+     return
+   }
+
    // 省略
  }
}
```

これでバリデーションが完成しました。

■ モードの概念の導入

次に、ゲーム上に「モード」の概念を導入しましょう。

とはいってもそれほど大それた話ではなく、単純に「通常モード」か「ハードモード」かを選択できるようになるだけです。通常モードの場合は正解の数字の並びが3つ、ハードモードの場合は4つ、といったような差を出してあげるようにします。

▶「mode」プロパティの追加

まずは、HitAndBlow に mode プロパティを追加するところから始めましょう。

HitAndBlow のプロパティ宣言の箇所に、次のように mode プロパティを追加します。

SAMPLE CODE src/index.ts

```
  class HitAndBlow {
    private readonly answerSource = ['0', '1', '2', '3', '4', '5', '6', '7', '8', '9']
    private answer: string[] = []
    private tryCount = 0
+   private mode: 'normal' | 'hard'
    // 省略
  }
```

新しい型定義の表現方法が出てきました。

| の部分に着目してほしいのですが、このシンタックスは「or」を表現しているものです。今回の場合では、「'normal' 型もしくは 'hard' 型」という型定義ということになります。

この | を使った型定義は**ユニオン型**と呼ばれています。

mode プロパティは、HitAndBlow のインスタンスを生成する際に引数として受け取るようにしておきましょう。次のようにコードを変更します。

SAMPLE CODE src/index.ts

```
  class HitAndBlow {
    // 省略
    private mode: 'normal' | 'hard'
+
+   constructor(mode: 'normal' | 'hard') {
+     this.mode = mode
+   }
    // 省略
  }
  // 省略
  ;(async () => {
-   const hitAndBlow = new HitAndBlow()
+   const hitAndBlow = new HitAndBlow('normal')
    // 省略
  }
```

これで、**HitAndBlow** のインスタンス作成時に **mode** プロパティがセットされるようになりました。

▶ユニオン型

今回新たに登場した**ユニオン型**についてもう少し詳しく見ていきましょう。

「or」を表すユニオン型のシンタックスは、複数の型定義を｜でつなぐ形で使用します。たとえば、string型もしくはnumber型という型定義の変数を宣言する場合は、次のように型アノテーションを付けます。

```
let stringOrNumber: string | number = '20'
stringOrNumber = 20 // OK
```

stringOrNumber はstring型でもありnumber型でもあるので、**'20'** という文字列のデータも入れられれば、**20** という数値のデータも入れられるというわけです。

クラスを型定義として使った場合のユニオン型も、まったく同様の挙動となります。

```
class Human {}
class Dog {}
class Bird {}

let humanOrDogOrBird: Human | Dog | Bird = new Human()
humanOrDogOrBird = new Dog() // OK
humanOrDogOrBird = new Bird() // OK
```

今回、**HitAndBlow** クラスに追加した **mode** プロパティは、**'normal'** ｜ **'hard'** という型定義でした。具体的な文字列を型定義として使用した場合、リテラル型になることは44ページで紹介した通りです。つまり、**mode** プロパティは **'normal'** または **'hard'** という文字列しか許容しない型ということになります。

このように、ユニオン型を使用することで、複数の型を許容できるようになるのです。

指定のモードに応じたゲームの難易度の変更

　HitAndBlow クラスに **mode** が追加されたので、早速この値に応じてゲームの難易度を変更してみましょう。

▶「getAnswerLength」メソッドの追加

　ゲームの難易度というのは、つまり正解の値の個数のことでした。具体的には、**setting** メソッド内で定義されている **answerLength** の値のことになります。

　つまり、**mode** プロパティの値に応じて **answerLength** の値を 3 にしたり 4 にしたりできればよさそうです。

　次のように、**getAnswerLength** という名前で **mode** に応じた正解の値の個数を返してくれるプライベートメソッドを追加します。

SAMPLE CODE src/index.ts

```
  class HitAndBlow {
    // 省略
+   private getAnswerLength() {
+     switch (this.mode) {
+       case 'normal':
+         return 3
+       case 'hard':
+         return 4
+     }
+   }
  }
```

　setting メソッド内の 3 がハードコーディングされていた部分を、このメソッドを使って書き換えていきましょう。

　ついでに **play** メソッド内のメッセージも動的に出し分けられるように変更します。

SAMPLE CODE src/index.ts

```
  setting() {
-   const answerLength = 3
+   const answerLength = this.getAnswerLength()
    // 省略
  }

  async play() {
-   const inputArr = (await promptInput('「,」区切りで3つの数字を入力してください')).split(',')
+   const answerLength = this.getAnswerLength()
+   const inputArr =
+     (await promptInput(`「,」区切りで${answerLength}つの数字を入力してください`)).split(',')
    // 省略
  }
```

　これで、モードに応じてゲームの難易度を変えられるようになりました。

▶動作確認

　試しに `HitAndBlow` クラスのインスタンスを作成するときの引数に `'hard'` を入れ、`$ npm run start` でゲームを実行してみてください。4つの数字を選ばないと、「無効な入力です。」という表示が出るようになっていれば問題ありません。

never型によるエラーの検知

　正解の値の数を取得する `getAnswerLength` が実装されましたが、この中の処理はもう少しブラッシュアップできます。TypeScriptの型システムをうまく使って、強力なエラー検知の仕組みを作っていきましょう。

▶「default」節の追加

　`getAnswerLength` には `switch` 文が使われているということで、まずはフォールバックの `default` 節を追加し、そこに到達した場合はエラーとなるように変更しましょう。

SAMPLE CODE src/index.ts

```
  private getAnswerLength() {
    // 省略
+   default:
+     throw new Error(`${this.mode} は無効なモードです。`)
  }
```

　これで、もし `mode` に `'normal'` と `'hard'` 以外の値が入ってきた場合でも適切なエラーを表示できるようになりました。

▶never型

　しかし、ここで少し立ち止まって考えてみましょう。この `default` 節は本当に必要なものなのでしょうか?

　というのも、`mode` の型は `'normal' | 'hard'` と指定されていて、かつユーザーからの自由な入力を受け付けている箇所というわけでもないので、それ以外の値が入ってくることはないはずです。

　`switch` 文内で `'normal'` のケースと `'hard'` のケースがきちんと書かれていれば、この `default` 節に到達することは理論上ありえません。

　この `default` 節についての考察を行うために、まずはTypeScriptがこの状況をどう解釈しているかを確認してみましょう。

　エディタ上で `default` 節内の `this.mode` にカーソルを合わせ、この値がどんな型かを見てみます。すると、`never` という型が表示されるはずです。これは一体どういうことでしょうか。

　実は、`never` というのは正式なTypeScriptの型の1つで、「どんな値も入らない型」というものになります。どんな値も入らない型ということで、never型のアノテーションがついた変数に値を代入しようとした場合、次のようにすべてエラーとなります。

```
let neverValue: never
neverValue = 'Michael Jackson' // エラー (Type 'string' is not assignable to type 'never'.)
neverValue = 20                // エラー (Type 'number' is not assignable to type 'never'.)
neverValue = null              // エラー (Type 'null' is not assignable to type 'never'.)
neverValue = undefined         // エラー (Type undefined is not assignable to type 'never'.)
```

string型やnumber型の値はもちろん、**undefined** や **null** ですらエラーとなります。Java
Scriptにおいては **undefined** や **null** も1つの「値」ですが、それすらも合致しないということ
です。

今回の **getAnswerLength** のケースに立ち戻りましょう。

getAnswerLength の **switch** 文の中には **'normal'** のケースと **'hard'** のケース
が書かれていますが、この時点でTypeScriptは型推論を働かせて、それ以外のケースは存
在しないという解釈をします。

そこに **default** 節が登場することになるわけですが、ここは例によって決して到達しない
コードとして見なされることになります。よって、**default** 節内での **this.mode** はnever型
と推論されるわけです。

▶never型の活用

それでは、**getAnswerLength** 内の **default** 節が完全に無駄かというと、そんなこと
はありません。

現在は「通常モード」「ハードモード」の2つのモードしかありませんが、これに「ベリーハード
モード」を追加するときのことを想定してみましょう。

その場合、次のように、**mode** プロパティの型定義に **'very hard'** の文字列を追加する
ことになるはずです（説明のための仮のコードです。追記部分は後ほど削除してください）。

SAMPLE CODE src/index.ts

```
  class HitAndBlow {
    // 省略
-   private mode: 'normal' | 'hard'
+   private mode: 'normal' | 'hard' | 'very hard' // ベリーハードモードを追加することを想定
    // 省略
  }
```

この対応を行った際、本来であれば **getAnswerLength** 内の **case** 節を1つ増やすな
どとして、**mode** が **'very hard'** だったときの処理を書いていかなければなりません。

もしこの対応を忘れてしまった場合、**'very hard'** モードを選んだ場合は **getAnswer
Length** を呼び出した時点で **default** に到達し、エラーになることになってしまいます。こ
れは開発者の意図した挙動ではないので、バグと見なされてしまうでしょう。

状況を確認するために、この状態で、**default** 節内の **this.mode** にカーソルを当て、
型を参照してみましょう。

先ほどはnever型だったのに、現在は 'very hard' 型になっているはずです。これは、case 文で 'very hard' の場合の処理が書かれていないので、型推論上、default に到達するのは 'very hard' しかないと解釈されるからです。

このような case の書き忘れといったような事態は、実はnever型を活用することで防げるようになります。

具体的には、次のようにコードを修正していきます。

SAMPLE CODE src/index.ts

```
  private getAnswerLength() {
    // 省略
    default:
-     throw new Error(`${this.mode} は無効なモードです。`)
+     const neverValue: never = this.mode
+     throw new Error(`${neverValue} は無効なモードです。`)
  }
```

this.mode を、never の型アノテーションが書かれた neverValue という値に一度、代入するような変更を入れています。

この変更を加えると、neverValue に対して Type 'string' is not assignable to type 'never'. というコンパイルエラーが発生するようになったのではないでしょうか。

先ほど確認したように、case を書き忘れている関係で、this.mode は 'very hard' 型と推論されています。そして、'very hard' 型はnever型である neverValue には代入できないので、ここで当然型エラーが発生するというわけです。

挙動確認のために、次のように 'very hard' の case 節を追加してみましょう。default 節内の this.mode が再びnever型に戻り、エラーが消えるはずです（説明のための仮のコードです。追記部分は後ほど削除してください）。

SAMPLE CODE src/index.ts

```
  private getAnswerLength() {
    // 省略
+   case 'very hard':
+     return 5
    default:
      // 省略
  }
```

このように、mode プロパティの型が変更された場合にエラーとなるような仕組みにできると、開発の安全性がぐっと増します。

一見すると使い所のないように感じられるnever型ですが、「どんな値も入らない型」という特性を生かして、型レベルでコードの安全性を高められるのです。

▌▌▌型エイリアスを使った型の表現

このタイミングで、TypeScriptの**型エイリアス**の機能を使って型情報を整理しておきましょう。

▶型エイリアスとは

型エイリアス(Type Alias)とは、TypeScriptの型の世界における変数のようなものです。複数箇所で使う値を変数に入れて使い回すのと同じように、複数箇所で使う型定義を型エイリアスという形で宣言して使い回すということです。

具体的なコードでシンタックスを確認してみましょう。次のコードは、**Person** という型エイリアスを定義し、それを **getName** と **getAge** の2つの関数の中で使用している例です。

```
type Person = {
  name: string
  age: number
}

const getName = (person: Person) => {
  return person.name
}
const getAge = (person: Person) => {
  return person.age
}
```

見ての通り、シンタックスは次のようなものです。 `type` というシンタックスを使い、変数宣言のような形で型を宣言します。

```
type 型エイリアス名 = 型
```

ここで宣言された **Person** という型エイリアスは、**Person** 型として、string型やnumber型などと同じように1つの型として扱えるようになります。そのため、**getName** や **getAge** といったような関数の引数の型としても使えるというわけです。

型エイリアスは型であればどんな形のものも扱えます。先ほどの例では **{ name: string; age: number }** というオブジェクト型を **Person** 型として宣言しましたが、それだけでなく、たとえばクラスを型エイリアスとして宣言することもできれば、ユニオン型の型エイリアスを作ることもできます。

有用かどうかはさておきstring型といったような基本形の型も型エイリアスとして扱えますし、型エイリアスの型エイリアスを宣言することもできます。

```
// クラスの型やユニオン型も型エイリアスに使える
class Car {}
class Bicycle {}
type Vehicle = Car | Bicycle

// 基本の型も型エイリアスに使える
type MyString = string
```

```
// 型エイリアス自体も型エイリアスに使える
type MyStringAlias = MyString
```

　ちなみに、型エイリアスの名前自体に命名規則はありませんが、慣習的にはアッパーキャメルケースがよく使われます。

● 型エイリアスはあくまでエイリアス

　冒頭では便宜的に「型の世界における変数のようなもの」という表現を使いましたが、名前が表している通り、型エイリアスはあくまで型の「エイリアス」なので、変数とは別のものです。プログラミングの世界における「変数」は、再代入が可能なものをイメージしてしまうかもしれませんが、型エイリアスには再代入はできません。

　次のコードでは、型エイリアスには再代入のようなことをしたり、再宣言をしたりしようとするとエラーとなることを示しています。

```
type Person = {
  name: string
  age: number
}

// 再代入のようなことはできないのでエラー。
// ('Person' only refers to a type, but is being used as a value here.)
Person = {
  height: number
  weight: number
}

// 再宣言もできないのでエラー。
// (Duplicate identifier 'Person'.)
type Person = {
  height: number
  weight: number
}
```

　また、変数を扱う際にはスコープの概念が登場しますが、型エイリアスにはスコープというような概念は存在しないので、必ずトップレベルで宣言しなければなりません。そのため、次のように関数内での宣言などはエラーとなります。

```
const getPerson = () => {
  // エラー。型エイリアスはトップレベルで宣言しなければならない。
  type Person = {
    name: string
    name: age
  }
  return {
```

```
    name: 'Michael Jackson',
    age: 20,
  }
}
```

● 型エイリアスのメリット

　型エイリアスを使うメリットは、主に次の2点です。

- 同じ型を使い回せる
- 型に名前を付けられる

　型エイリアスは同じ型を使い回せるので、同じ型を複数回表記しなければならない場合に便利です。

　仮に先ほどのコードで **Person** 型を宣言しなかった場合は、次のように **getName** と **get Age** 関数内で **{ name: string; age: number }** という同じ型宣言を2度書かなければならないことになります。型エイリアスによって型宣言を行うことで、このような冗長な記述は避けられます。

```
const getName = (person: { name: string; age: number }) => {
  return person.name
}
const getAge = (person: { name: string; age: number }) => {
  return person.age
}
```

　型自体に命名できるということそのものもメリットになりえます。

　たとえば、次のようなコードで **person** 変数が宣言されていた場合、型の宣言内容をよく読めば **person** 変数にはビートルズのメンバーのいずれかが代入されることが期待されているとわかります。

```
let person: 'John Lennon' | 'Paul McCartney' | 'George Harrison' | 'Ringo Starr'
```

　しかし、この型宣言も次のように型エイリアスを使って宣言がされていれば、その型がどんなものであるかをより明示的に伝えられるようになります。

```
type TheBeatles = 'John Lennon' | 'Paul McCartney' | 'George Harrison' | 'Ringo Starr'
let person: TheBeatles
```

　必ずしも使い回すことを想定されていない型でも、このように型エイリアスを使うことでコードの可読性を高めるられるということです。

▶ 型エイリアスを使ったアプリケーションコードの修正

ここまでの説明を踏まえて、型エイリアスを使ってアプリケーションコードを修正していきましょう。

今回、修正したい箇所は、`'normal'` | `'hard'` という、ゲームのモードの種類に関するユニオン型の宣言部分です。`'normal'` | `'hard'` の型宣言は現在2箇所で使われているので、これを型エイリアスを使って一度の宣言にまとめてしまいましょう。

次のように、**Mode** という型エイリアスを宣言する形でコードを修正します。

SAMPLE CODE src/index.ts

```
+type Mode = 'normal' | 'hard'
+
 class HitAndBlow {
   private readonly answerSource = ['0', '1', '2', '3', '4', '5', '6', '7', '8', '9']
   private answer: string[] = []
   private tryCount = 0
-  private mode: 'normal' | 'hard'
+  private mode: Mode

-  constructor(mode: 'normal' | 'hard') {
+  constructor(mode: Mode) {
     this.mode = mode
   }
   // 省略
 }
```

これによって、新たにモードを追加したり修正したりする際に、この **Mode** 宣言部分の1箇所に手を加えればよいだけになりました。

COLUMN interfaceと型エイリアス

41ページでは、オブジェクトの型を名前付きで定義する場合にinterfaceを使うことを紹介しましたが、今回紹介した型エイリアスを使うことでも同じことが実現できることがわかりました。たとえば、人物を表すデータの型は、次の2つのパターンで表現できます。これらはどちらも同じ内容のオブジェクト型を表現しています。

```
// interface で型を表現
interface PersonInterface {
  name: string
  age: number
}

// 型エイリアスで型を表現
type PersonType = {
  name: string
  age: number
}
```

▶どちらを使うべきか

　では、オブジェクト型を表す際には、interfaceと型エイリアスのどちらを使うべきなのでしょうか。結論からいえば、「プロジェクト内で使用ルールが統一されていれば、どちらでもよい」ということになります。

　現状、interfaceによるオブジェクト型の宣言と型エイリアスによるオブジェクト型の宣言とでは、できることにそこまで違いはなく、どちらを使用しても大きな問題が発生することは少ないでしょう。

　ただし、等価というわけではないので、プロジェクト内ではどちらかに統一されているのが望ましいでしょう(本書ではオブジェクト型に命名をする場合は、原則として型エイリアスを使う方針をとっています)。

▶シンタックス的・機能的な差異

　さて、「どちらでも良い」という結論ではあるものの、やはり両者にいくつかのシンタックス的・機能的な差異があります。代表的な2つの差異を確認してみましょう。

●型の合併方法の違い

　interfaceによるオブジェクト型の宣言と型エイリアスによるオブジェクト型の宣言は、型の合併の仕方に差異があります。合併というのは、複数の型を組み合わせて新たな型を作り出すような作業を指しています。

　まずは、簡単な型エイリアスの方から見ていきましょう。

　次のコードでは `{ name: string }` という型と `{ age: number }` という型を合併し、`{ name: string; age: number }` という型を作っています。型エイリアスを使ったオブジェクト型は、`&` を使用することで「かつ」という型を表現できます。

```
// type では & を使って合併
type Name = { name: string }
type Age = { age: number }
type Person = Name & Age
```

　次に、interfaceの合併方法です。こちらでは、`extends` というシンタックスを使って定義することになります。

```
// interface では extends を使って合併
interface Name { name: string }
interface Age { age: number }
interface Person extends Name, Age {}
```

　両者を見比べると、型エイリアスによるオブジェクト型の宣言の方がシンタックスが直感的で、可読性が高いように感じるかもしれません。

● interfaceのdeclaration merging

interfaceには、**declaration merging**と呼ばれる型の拡張機能が備わっていることも1つの特徴です。これは型エイリアスによるオブジェクト型の型宣言にはない機能です。

declaration mergingは、具体的には、「同じ名前でインターフェース宣言されたオブジェクト型は、その型がマージされる」という機能です。

次のコードでは、**Person** というinterfaceがマージされている様子を示しています。

```
interface Person {
  name: string
  age: number
}

interface Person {
  height: number
}

// Person はマージされ、次のような型となっている
// {
//   name: string
//   age: number
//   height: number
// }

// エラー (Property 'height' is missing in type '{ name: string; age: number; }' but
//        required in type 'Person'.)
const person: Person = {
  name: 'Michael Jackson',
  age: 20,
}
```

少し不思議な挙動に思うかもしれませんが、このコードでは2つの **Person** 型がマージされ、**name** 、**age** 、**height** という3つのプロパティを持った型として解釈されています。

前述したように、型エイリアスにはこのような機能はないので、interface特有の機能として注意しておきましょう。

01

02

03

Node.jsで動くアプリケーションを作ってみよう

04

05

A

91

▎ユーザーによるモードの選択機能

さて、ここまで mode 関連の実装を進めてきましたが、現状、mode は HitAndBlow クラスをインスタンス化する処理内にハードコーディングされています。これだと結局、決められたモードしか遊べないことと同義なので、mode はユーザーが選べるように変更したいところです。

HitAndBlow クラス内には、ゲームが始まる前に呼び出されることを想定している setting というメソッドがあるので、ここでユーザーに mode を選択するように促す処理を追加していく方向でコードを修正していきましょう。

▶「constructor」の削除

まず、インスタンス化の際には mode は決めないようにしたいので、次のように constructor の処理自体を削除してしまいましょう。インスタンス化を行っている箇所から引数の 'normal' を削除するのも忘れないでください。

SAMPLE CODE src/index.ts

```
  class HitAndBlow {
    // 省略
-   constructor(mode: Mode) {
-     this.mode = mode
-   }
    // 省略
  }
  // 省略

  ;(async () => {
-   const hitAndBlow = new HitAndBlow('normal')
+   const hitAndBlow = new HitAndBlow()
    // 省略
  })()
```

この変更を加えた時点で、HitAndBlow クラスの mode プロパティの宣言箇所に次のようなエラーが発生するはずです。

```
Property 'mode' has no initializer and is not definitely assigned in the constructor.
```

これは、mode というプロパティが宣言されているにもかかわらず constructor 内で初期化がされていないことによるエラーです。

constructor で初期化しないで mode プロパティにアクセスしようとすると値は undefined になってしまいますが、それだと「mode プロパティは Mode 型である」という型宣言と実態が食い違ってしまうことになります。そのことをTypeScriptが検知し、エラーを出してくれているということです。

constructor で初期化しないプロパティに関しては、次のように初期値を指定してあげれば問題ありません。

SAMPLE CODE src/index.ts

```
class HitAndBlow {
  // 省略
- private mode: Mode
+ private mode: Mode = 'normal'
  // 省略
}
```

▶「setting」内の「mode」の設定

次に、**setting** メソッド内でユーザーに **mode** を入力してもらう処理を書きましょう。

次のように、**promptInput** 関数でユーザーから受け付けた値を **mode** プロパティに格納するように変更を加えます。

SAMPLE CODE src/index.ts

```
class HitAndBlow {
  // 省略
- setting() {
+ async setting() {
+   this.mode = await promptInput('モードを入力してください。')
    const answerLength = this.getAnswerLength()
    // 省略
  }
  // 省略
}
// 省略
;(async () => {
  const hitAndBlow = new HitAndBlow()
- hitAndBlow.setting()
+ await hitAndBlow.setting()
  await hitAndBlow.play()
  hitAndBlow.end()
})()
```

promptInput は **Promise** を使用した処理になるので、呼び出すときには **await** のキーワードを付与する必要があります。そして **await** を使用するということは、それを呼び出すコードに **async** を付与する必要があるということなので、**setting** メソッドの頭に **async** を付けましょう。

また、**setting** メソッドを実際に呼び出している即時関数内でも、**await** の追加をしておきましょう。

▶型アサーション

さて、この時点で、**setting** メソッド内の次の箇所でエラーが発生しているはずです。

```
// エラー (Type 'string' is not assignable to type 'Mode'.)
this.mode = await promptInput('モードを入力してください。')
```

これはエラーメッセージの通り、string型の値を `Mode` 型である `mode` プロパティに代入しようとしていることによるエラーです。

このエラーが発生している理由は、`promptInput` 関数の返り値がstring型だからです。`promptInput` が返しているのは `input.trim()` の返り値であり、当然そこに `Mode` 型に関する情報はありません。

しかし、`setting` 内ではこの場面で返ってくることを期待している文字列は `Mode` 型に合致する `'normal'` か `'hard'` のいずれかだけなので、エラーとなるということです。

この型の不整合を解決するために今回使用する機能が**型アサーション**(type assertion)というものです。型アサーションとは、TypeScriptが推論できる範囲以上に詳細な型を開発者側で指示するような仕組みです。

具体的なコードでシンタックスを確認してみましょう。

次のコードは、JSON形式のデータをパースした後の値の型を、型アサーションを使うことで開発者側で恣意的に `Person` 型に指定しているコードです。TypeScript上では `JSON.parse` の返り値の型はany型なのですが、型アサーションを利用することで、より詳細な型として値を扱えるようになります。

```
type Person = {
  name: string
  age: number
}

const jsonData = '{"name":"MichaelJackson","age":20}'
const person = JSON.parse(jsonData) as Person
```

型アサーション自体は、`as` というキーワードによって行われていることに着目してください。`as` の後ろに型の情報を付け加えることで、特定の値の型を指定できるようになるという仕組みです。

● アサーションの可否

型を恣意的に変更できてしまうという非常に大きな力を持った型アサーションですが、どんな型でも指定できるわけではありません。型アサーションの可否は、対象となる2つの型が包含関係にあるかどうかによって決定されます。

たとえば、次のコードのように、number型はstring型にアサーションできませんし、`{ name: string }` 型は `{ age: number }` 型にアサーションできません。

```
// エラー (number 型は string 型にアサーションできない)
const height = 170 as string
// エラー (`{ name: string }` 型は `{ age: number }` 型にアサーションできない)
const person = { name: 'Michael Jackson' } as { age: number }
```

これらのエラーは、型のアサーションの対象となる2つの型が、それぞれ包含関係にないため発生しています。

わかりやすい方から説明をすると、{ name: string } 型は { age: number } 型にない name というプロパティを持っていて、{ age: number } 型は { name: string } 型にない age というプロパティを持っています。つまり、両者は包含関係にはないわけです。

◉{ name: string }型と{ age: number }型の関係

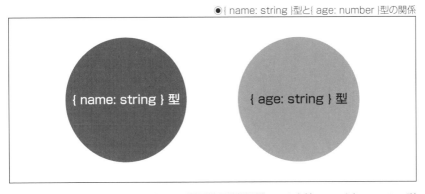

同様に、string型はnumber型にない toUpperCase メソッドを持っていたり、number型はstring型にない toLocalString メソッドを持っていたりします。これらもやはり、包含関係にはありません。

◉number型はstring型の関係

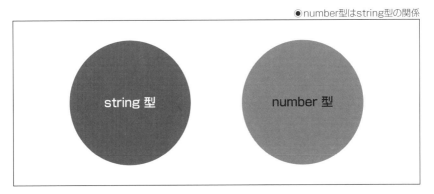

一方で、次のような場合は型のアサーションが可能です。

```
const person1 = { name: 'Michael Jackson', age: 20 } as { age: number }
const person2 = { name: 'Michael Jackson' } as { name: string; age: number }
const personName = 'Michael Jackson' as any
```

person1 のケースから見ていきましょう。{ name: string; age: number } 型は、{ age: number } 型の上位集合となっていて、両者は包含関係にあります。

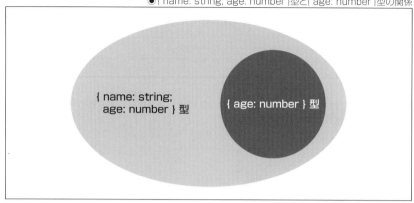

●{ name: string; age: number }型と{ age: number }型の関係

person2 のケースも同様です。{ age: number } 型は { name: string; age: number } 型の部分集合となっているため、アサーションを行えます。部分集合を上位集合へアサーションできることはやや直感的でないかもしれませんが、TypeScript上では問題のない挙動となっています。

最後に、personName のケースも見てみましょう。any型は、すべての型を包含する型なので、当然、'Michael Jackson' 型の上位集合となります。any型でアサーションできない型はありません。

as any の型アサーションを使うことで、型の不整合に起因するすべてのコンパイルエラーは解消できますが、これはTypeScriptの型チェックの恩恵を放棄することと同義なので、褒められた使い方ではありません。

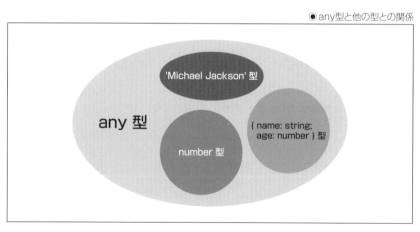

●any型と他の型との関係

● 型アサーションと型キャスト

プログラミング言語によっては、データ型を変換する**型キャスト**という仕組みがあります。たとえば、C言語で言えば、整数型（int型）のデータを浮動小数点型（float型）に変換するといったようなものです。

TypeScriptの型アサーションも概念としては似ていますが、両者には明確な違いがあります。それは、型キャストがランタイムで参照されるデータそのものに影響を与える一方、型アサーションはあくまでコンパイル時の型解決に影響を与えるだけで、ランタイムの挙動には影響を与えないことです。

つい使い慣れている「キャスト」という言葉を使っていしまいたくなるかもしれませんが、あくまで型アサーションと型キャストは別物であると認識しておきましょう。

▶ 型アサーションによる型解決

これらの型アサーションの説明を踏まえた上で、アプリケーションのコードの修正に戻りましょう。

エラーが出ていた箇所は、**Mode** 型が欲しいところでstring型が返ってきてしまっていることが原因でした。そのため、次のように、返ってきているstring型を型アサーションで **Mode** 型として扱うようにしてあげればよさそうです。string型は **Mode** 型(つまり **'normal'** ｜ **'hard'** 型)の上位集合なので、当然、型アサーションが可能です。

SAMPLE CODE src/index.ts

```
class HitAndBlow {
  // 省略
  async setting() {
-    this.mode = await promptInput('モードを入力してください。')
+    this.mode = await promptInput('モードを入力してください。') as Mode
    // 省略
  }
  // 省略
}
```

この修正によって、**this.mode** には **Mode** 型のデータが入ってくるとTypeScriptに解釈させられるようになり、コンパイルが通るようになります。

▶ 動作確認

コンパイルが通ることが確認できたら、動作を確認しましょう。 **$ npm run start** を実行して次のような表示でモードが選択できるようになれば問題ありません。

```
$ npm run start

モードを入力してください。
> normal

「,」区切りで3つの数字を入力してください
> 1,2,3
---
Hit: 0
Blow: 1
---
```

III モード設定のバグ回避

　現状のコードは、コンパイルは通っているものの、実はバグが潜んでいます。バグを回避するようにコードを修正していきましょう。

▶ 現状の不具合

　現状、`setting` メソッド内では `promptInput` を使って `mode` プロパティの設定を行っていますが、ここの処理にはバグが潜んでいます。

　それは、`promptInput` がユーザーからの自由入力を受け付けているため、`Mode` 型として指定されている `'normal'` と `'hard'` 以外の文字列でも入力できてしまうという問題です。仮にユーザーが `'easy'` のような値を入力した場合、`getAnswerLength` メソッド内でエラーが出力され、アプリケーションが止まってしまいます。

　これは、`as Mode` という型アサーションを導入して無理やり型の解決を行ったことによって混入したバグです。型アサーションを使うということは、TypeScriptが負っていた責任を開発者側で負うようにするという行為なので、その部分のコードにエラーがないのかは慎重に見ていく必要があります。

　「大いなる力には大いなる責任が伴う」という言葉がありますが、型アサーションの使用もそれなりの覚悟を持って行うべきでしょう。

▶ 「promptSelect」の作成

　このバグの解決策として、ユーザーからの自由入力を受け付けるのではなく、特定の値しか受け付けないような仕組みに変えることにしましょう。

　Webアプリケーションであれば通常のテキスト入力フォームからラジオボタンに変えればよいところですが、CUIではそう簡単にはいきません。ターミナル上でラジオボタンのように動くものを実装するのが理想的ではありますが、もう少し低コストに作りたいところです。

　ということで、次のような要件で動く `promptSelect` 関数を実装し、`promptInput` を置き換えることにします。

- アプリケーション側で与えた選択肢を出力する
- ユーザーはいずれかの値を手動で入力する
- 入力値が選択肢のいずれとも合致しなかったら、再入力を促す

　これだけであれば、複雑な実装は必要なさそうです。

　まず `promptSelect` 関数作成の下準備として、次のようにコードを変更します。ここでやっていることは、`promptInput` コードの一部を `readLine` 関数として置き換える作業です。

SAMPLE CODE src/index.ts

```
+const readLine = async () => {
+  const input: string = await new Promise((resolve) =>
+                          process.stdin.once('data', (data) => resolve(data.toString())))
+  return input.trim()
+}
+
```

▼

```
  const promptInput = async (text: string) => {
    printLine(`\n${text}\n> `, false)
- const input: string = await new Promise((resolve) => process.stdin.once('data', (data) =>
-                           resolve(data.toString())))
- return input.trim()
+ return readLine()
  }
```

ここまでで挙動は特に変わっていません。

次に、**promptSelect** 関数を実装します。

SAMPLE CODE src/index.ts

```
+const promptSelect = async (text: string, values: readonly string[]): Promise<string> => {
+ printLine(`\n${text}`)
+ values.forEach((value) => {
+   printLine(`- ${value}`)
+ })
+ printLine(`> `, false)
+
+ const input = await readLine()
+ if (values.includes(input)) {
+   return input
+ } else {
+   return promptSelect(text, values)
+ }
+}
```

前半では、引数から与えられた選択肢(**values**)の値を出力します。後半は、ユーザーからの入力を受け付け、選択肢に合致するものがなければ再帰的に関数を呼び出し、再入力を促すという流れになっています。

▶ 「promptSelect」の適用

最後に、**setting** メソッド内の **promptInput** 部分を **promptSelect** に置き換えましょう。

SAMPLE CODE src/index.ts

```
  class HitAndBlow {
    // 省略
    async setting() {
-     this.mode = await promptInput('モードを入力してください。') as Mode
+     this.mode = await promptSelect('モードを入力してください。', ['normal', 'hard']) as Mode
      // 省略
    }
    // 省略
  }
```

これで、**mode** プロパティには **'normal'** か **'hard'** いずれかの文字列しか入らないようになり、バグが解消されました。

▶動作確認

$ npm run start を実行して、'very hard' のような文字を入力すると再入力を促されるようになっていることを確認しましょう。

```
モードを入力してください。
- normal
- hard
> very hard

モードを入力してください。
- normal
- hard
> normal

「,」区切りで3つの数字を入力してください
>
```

Ⅲ 「promptSelect」のリファクタリング①

promptSelect を使って、想定していない値がアプリケーション側に渡されてしまうことは回避できるようになりました。挙動としてはこれで問題ないのですが、コード上はまだ改善の余地があります。

▶現状の問題点

現状の promptSelect の実装が抱える問題点は、やはり型アサーションの箇所です。

promptSelect の返り値はstring型ですが、as Mode の型アサーションを付与することで強制的に Mode 型が返ってくると解釈させています。しかし、できればこの型アサーションは使いたくないところです。

なぜなら、本当に promptSelect の返り値が Mode 型かどうかは promptSelect の実装を見てみないとわからない状態だからです。仮に今後の改修で promptSelect の挙動が変わってしまったとしても、as Mode が付いている限り、潜在的なバグが見過ごされてしまう可能性があります。

正しいデータの入出力の担保は、できる限り型アサーションを使わずに行いたいところです。

▶ジェネリクス

ここで達成したいことは、promptSelect の返り値の型を Mode にすることです。

もし Mode だけを返すようにするのであれば、promptSelect 側にハードコーディングすればよいだけなのですが、promptSelect 自体は汎用的な関数として実装したいところです。

このような場面で役に立つのが、TypeScriptの**ジェネリクス(Generics)**という機能です。

ジェネリクスは、TypeScriptにおける型を動的に扱うための機能です。

「型を動的に扱う」とはどういうことでしょうか。関数の引数のようなものをイメージするとわかりやすいかもしれません。関数の引数はコード上で最初から値が決まっているわけではなく、関数が呼び出されるときにはじめて実際の値が決定します。

これと同じように、どんな型が渡されるかによって内容が変わる型の仕組みがジェネリクスというわけです。

● ジェネリクスを使用しない場合のサンプル

まずは、ジェネリクスを使用しない場合のサンプルコードを見ていきましょう。

仮に、次のようなコードがあるとします。 returnValueFunc は、string型の引数をそのまま返すだけの関数です。

```
const returnValueFunc = (value: string) => {
  return value
}

const personName = returnValueFunc('Michael Jackson')
```

このとき、returnValueFunc の返り値は型推論されてstring型になるので、person
Name 変数はstring型になります。

では、この returnValueFunc 関数を他の型にも対応させたいとなった場合はどうなるでしょうか。たとえば、number型に対応させるときのことを考えます。現状はstring型の引数しか受け付けていないので、次のように string | number のようなユニオン型に変更してみるのはどうでしょうか。

```
const returnValueFunc = (value: string | number) => {
  return value
}

const personName = returnValueFunc('Michael Jackson')
const personAge = returnValueFunc(20)
```

うまくいきました。これで returnValueFunc はstring型もnumber型も受け取れるようになりました。

しかし、このコードには問題があります。それは、「返り値の値の方がユニオン型になってしまう」ということです。

personName の型を確認してみると、string | number となっているはずです。そして、personAge も同様に string | number となっています。

考えてみれば当然で、returnValueFunc は引数をそのまま返しているため、引数の型が string | number 型であれば返り値の方も当然、string | number となるというわけです。

しかし、今求めている挙動はこうではありません。string型の値を引数を与えたらstring型の値が、number型の値を引数を与えたらnumber型の値が返ってきてほしいはずです。

そこで、この引数の型を汎化させるという発想にたどり着きます。こういったケースで役に立つのが、ジェネリクスなのです。

● ジェネリクスを使用する場合のサンプル

先ほどのコードを、ジェネリクスの機能を使って次のように書き換えてみましょう。

```
const returnValueFunc = <T>(value: T) => {
  return value
}


const personName = returnValueFunc<string>('Michael Jackson')
const personAge = returnValueFunc<number>(20)
```

returnValueFunc 関数の部分に、<T> を使った新たなシンタックスで型が定義されていることに着目してください。これは、returnValueFunc が受け取る動的な型を T 型として名付けている部分です。

T は動的な型なので、この関数の宣言時点ではどんな型かはわかりません。string型かもしれないし、型エイリアスで宣言された Person 型かもしれません。

引数部分は value: T という記述になっていますが、これは引数の値 value が、動的な型として定義された T という型であるという宣言です。

T がstring型なら value もstring型、T が Person 型なら value も Person 型というわけです。返り値の型は value の型から推論されますから、あえて記述はしていません。

personName 変数の取得部分を見てみましょう。returnValueFunc<string>('Michael Jackson') の部分に、<string> というシンタックスが追加されています。これは、returnValueFunc の T に対してstring型を当てがうための記述です。T がstring型なら value もstring型になるので、personName 変数はstring型になります。

personAge 変数の取得に関しても同様です。returnValueFunc のジェネリクス T に対して <number> を指定しているので、結果として personAge はnumber型の値となっています。

これで、引数の型に応じて返り値の型を変更できるようになりました。

ちなみに、この <string> や <number> 部分のシンタックスに関しては型推論が効く部分なので、省略して次のようにも書けます。

```
const personName = returnValueFunc('Michael Jackson')
const personAge = returnValueFunc(20)
```

● シンタックスの確認

サンプルのコードを見てわかった通り、関数におけるジェネリクスは、引数の指定の () の前に <> を配置するようなシンタックスとなっています。

```
const someFunc = <T>() => {
  // 省略
}
```

関数の変数名を開発者が自由に決められるのと同様、ジェネリクスの型名も自由なものを指定できます。慣習的には T や S 、U といったような大文字のアルファベット一文字が使用されることが多いですが、次のように、より具体的な名前にしても問題ありません。

```
const someFunc = <ReturnValueType>() => {
  // 省略
}
```

また、ジェネリクスによる動的な型は複数の宣言も可能です。

```
const someFunc = <T, S>() => {
  // 省略
}
```

ちなみにfunction宣言でもアロー関数と同じように、引数の **()** の前に **<>** で囲んだ型を配置する形となります。

```
// function 宣言の場合
function normalFunc<T>() {
  // 省略
}
```

● 関数以外でのジェネリクス

ジェネリクスは、関数の宣言でのみ使われる機能ではありません。次のように、クラスに対しての適用もできます。

```
type Person = {
  name: string
  age: number
}

class ListClass<T> {
  items: T[]
}

// listInstance.items は Person[] 型となる
const listInstance = new ListClass<Person>()
```

他には、interfaceでも次のようなシンタックスでジェネリクスが使用できます。

```
interface DynamicValueObj<T> {
  value: T
}

type StringValueObj = DynamicValueObj<string> // { value: string } 型
type NumberValueObj = DynamicValueObj<number> // { value: number } 型
```

ちなみに、29ページで、**型名[]** と **Array<型名>** のどちらでも表記が可能という説明をしていましたが、後者の **<>** 部分はジェネリクスのシンタックスです。TypeScriptの組み込みの機能として、ジェネリクスを使った配列の型定義のシンタックスが提供されているということです。

▶ジェネリクスを使用したコードの修正

さて、関数の引数におけるジェネリクスについて理解を深めたところで、アプリケーションのコードを修正していきましょう。

今回は、promptSelect 関数が任意の型を返すようにTypeScriptに解釈させたいので、この部分にジェネリクスを追加していきます。 promptSelect 関数を次のように修正します。

SAMPLE CODE src/index.ts

```
-const promptSelect = async (text: string, values: readonly string[]): Promise<string> => {
+const promptSelect = async <T>(text: string, values: readonly T[]): Promise<T> => {
   // 省略
   if (values.includes(input)) {
     return input
   } else {
-    return promptSelect(text, values)
+    return promptSelect<T>(text, values)
   }
 }
```

ジェネリクスの <T> が追加され、第2引数の型が string[] から T[] に変更されています。また、Promise<string> と書かれていた箇所が Promise<T> となっていることにも注目してください。

ここまで説明を避けていましたが、async と await を利用した関数の返り値は、Promise 型になります。そして、Promise が解決されたときに返される値の型は、Promise の内部ではジェネリクスとして扱われます。

今までは promptSelect の返り値が string だったために Promise<string> と記述していましたが、第2引数の型が T 型になり、最終的に得られる値が T 型となったたため、関数の返り値も Promise<T> となったというわけです。

再帰的に promptSelect が呼び出されている箇所にもそのまま T 型を渡すことを忘れないでください。

この段階ではコンパイルエラーが発生するので対応としては不完全なのですが、この対応によって、任意の型の値を返す準備が整いました。

次に、このジェネリクスを使用するために、setting メソッド内を次のように変更します。

SAMPLE CODE src/index.ts

```
 class HitAndBlow {
   // 省略
   async setting() {
-    this.mode = await promptSelect('モードを入力してください。', ['normal', 'hard']) as Mode
+    this.mode = await promptSelect<Mode>('モードを入力してください。', ['normal', 'hard'])
     // 省略
   }
   // 省略
 }
```

promptSelect の呼び出しの際に <Mode> を追加し、promptSelect 内で使われる
T が Mode 型となるようにしています。この時点で、promptSelect の返り値は Mode 型と
なるので、as Mode も削除できました。これらの変更を加えても、this.mode の型が引き続き
Mode 型であることを確認してみてください。

現時点で promptSelect 内でコンパイルエラーが発生するようになってしまっています
が、次はこちらを解消していきます。

「promptSelect」のリファクタリング②

ジェネリクスは正しく適用できたはずですが、このままだと promptSelect 内でエラーが
出ています。これらを修正していきましょう。

▶型アサーションによる解決

エラー発生箇所は、次の2箇所です。

SAMPLE CODE src/index.ts

```
const promptSelect = /* 省略 */ {
  // 省略
  const input = await readLine()
  if (values.includes(input)) { // 1 つ目のエラー
    return input                // 2 つ目のエラー
  } else {
    // 省略
  }
}
```

これはどちらも、input 変数がstring型であることによって起きているエラーです。
1つ目は、values は T 型の配列なので、includes メソッドがstring型の値は引数に
取れないというものです。
そして2つ目は、promptSelect 関数の返り値が T 型でなければならないところ、string
型の input 変数が返されてしまっているというものです。
これに関しては、input 変数が T 型であるという解釈をさせることで解決できそうです。
次のように、as T の型アサーションを追加してコンパイルエラーを解決しましょう(この段階
では他のエラーが発生します)。

SAMPLE CODE src/index.ts

```
  const promptSelect = /* 省略 */ {
-   const input = await readLine()
+   const input = (await readLine()) as T
  }
```

先ほどわざわざ setting メソッド内で使われていた as Mode の型アサーションを削除
できたばかりなのに、ここでまた as を使うことに抵抗があるかもしれません。

105

しかし、この型アサーションは以前までの `as Mode` のように「事実を捻じ曲げてコンパイルを通すため」に使われているわけではありません。今回は、`includes` による値の検査を行うためであり、そしてその実装に必要な型の解釈の機能をTypeScriptが持ち合わせていない、という理由で使われているものです。

そのため、この場面で `as` を使ってエラーを解消させることには妥当性があるといえます。

この修正により、2つのエラーをひとまず解消できました。引き続き、新たに発生したエラーを見ていきましょう。

III 「promptSelect」のリファクタリング③

`as T` を追加したことで新たに発生したエラーについて確認してみましょう。

▶「extends」による型の継承

新たなエラーの発生箇所は次の部分です。

SAMPLE CODE src/index.ts

```
const promptSelect = /* 省略 */ {
  // 省略
  const input = (await readLine()) as T // エラー
  // 省略
}
```

これは、string型と T 型が包含関係にないために発生しているエラーです。

`readLine` 関数の返り値の型は `string` です。では、T の型はどうでしょうか？ T は動的な型なので、この段階ではまだどんな型かはわかりません。

94ページで、`as` を使った型アサーションは「2つの対象となる型が包含関係になければならない」と説明しましたが、この段階では T がstring型と包含関係のある型かどうかがわからないため、型アサーションができないということです。

これを解決するためには、T がstring型と包含関係にあることをどこかで証明しておく必要があります。これは、`extends` キーワードを使った型の継承によって実現できます。

まずは `extends` 適用後のコードを見てどのように使うものかを確認しましょう。

SAMPLE CODE src/index.ts

```
-const promptSelect = async <T>(text: string, values: readonly T[]): Promise<T> => {
+const promptSelect = async <T extends string>(text: string, values: readonly T[]):
Promise<T> => {
  // 省略
}
```

`<T>` というジェネリクスによる型宣言部分が `<T extends string>` となっています。これは、読んで字のごとく、T 型はstring型を継承した型であるという表現方法になります。

この挙動を理解するために、`extends` についてもう少し深掘りましょう。

● 型の継承とは

JavaScript上でクラスを継承する際、extends というキーワードを使います。extends によって、特定のクラスがその親クラスの持っているプロパティを引き継いだり、メソッドを利用できるようになったりします。

型の継承もそれと同じで、extends によって継承をされた型は、継承元の型情報を引き継いだ型となります。TypeScriptでは、interfaceの継承に extends キーワードが利用できます。

次のサンプルコードでは Person 型と、それを継承した SuperMan 型を定義しています。

```
interface Person {
  walk: () => void
  eat: () => void
}

interface SuperMan extends Person {
  fly: () => void
}

const superMan: SuperMan = {
  walk: () => console.log('walking.'),
  eat: () => console.log('eating.'),
  fly: () => console.log('flying.'),
}
```

SuperMan 型が指定されている superMan 変数は、Person 型が持っている walk と eat のメソッドも持てることがわかります。これは、SuperMan 型が Person 型を extends によって継承した型だからです。

● ジェネリクスの「extends」

ジェネリクスにおける extends も、若干のシンタックスの差こそあれ、考え方としてはinterfaceにおける extends と同じです。

ジェネリクスで extends を使用する場合は、<型A extends 型B> といった形になります。

今回のアプリケーションコード上では、次のように T というジェネリクスの型をstring型で拡張していたことを思い出しましょう。

SAMPLE CODE src/index.ts
```
const promptSelect = async <T extends string>(/* 省略 */): Promise<T> => {
  // 省略
}
```

これによって何が起こるかというと、どんな型が入ってくるかがわからなかった T という型が、「少なくともstring型と同等以上のプロパティとメソッドを持ったデータである」ということが約束されるようになるのです。

この時点で、**readLine** 関数の返り値の型（string型）と、**T** 型が包含関係にあることが決定し、コンパイルエラーが解消されます。

また、この対応を入れたことで、第2引数の **T[]** 型はより厳しい型になっています。今までは **T** 型はどんな型でも許容していたので第2引数にはどんな型のデータの配列でも渡せましたが、**T extends string** となったことでstring型と同等以上の型のデータの配列しか受け付けなくなりました。

副次的に型の制約がより厳密になり、**promptSelect** が以前より使いやすい関数になりました。

▌ 「Mode」型のリファクタリング①

ジェネリクスを使った **promptSelect** のリファクタリングで型の縛りの強さが増し、コードの安全性がぐっと高まりました。

ここではさらに一歩踏み込んで、もう少しTypeScriptの機能を使ったリファクタリングができないかを考えていきましょう。

▶ DRYでないコード

プログラミングの世界で使われる言葉で、**DRY**というものがあります。「Don't repeat your self.」の略で、**繰り返しを避けること**を意味します。

たとえば、ソースコード上で同じような処理をしている部分があったら1つの関数にまとめたり、もう少し大きな話では、ビルド時に毎回行っている手動作業を自動化したりといったようなものを指します。

そして、この観点で現状のコードを見て少し気になるのが、**Mode** 型の定義の記述と **setting** メソッド内の **promptSelect** の呼び出し部分です。

どちらも **'normal'** と **'hard'** という文字列をハードコーディングしていて、DRYなコードとはいえません。

SAMPLE CODE src/index.ts

```
// 'normal' と 'hard' という文字列がハードコーディングされている
type Mode = 'normal' | 'hard'

class HitAndBlow {
  // 省略
  async setting() {
    // 'normal' と 'hard' という文字列がハードコーディングされている
    this.mode = await promptSelect<Mode>('モードを入力してください。', ['normal', 'hard'])
    // 省略
  }
  // 省略
}
```

Mode 型の定義の記述は「型」に関するもので、**setting** メソッド内の **['normal', 'hard']** の部分は実際のJavaScript上での「値」に関するものなので、これらを単純に変数化してまとめるようなことはできません。

しかし、どうにかしてこれらを1回の記述にまとめられないものでしょうか。たとえば、`['normal', 'hard']` という値から、`'normal' | 'hard'` という型を取得できれば、文字列のハードコーディングは1箇所だけで済みそうです。

▶「typeof」による型の取得

これを実現するためには、TypeScriptの機能をいくつか組み合わせる必要があります。まずはじめに知らなければならないのが、typeof キーワードによる型の取得です。

typeof キーワードは、JavaScriptにはじめから備わっているもので、次のような挙動をします。

```
console.log(typeof 'Michael Jackson') // 'string'
console.log(typeof 20)                // 'number'
console.log(typeof ['John', 'Paul'])  // 'object'
console.log(typeof {                   // 'object'
  name: 'Stevie Wonder',
  age: 20,
})
```

見ての通り、対象となる値のJavaScript上での分類を、文字列形式で返してくれるというものです。しかし、これはあくまでJavaScriptのランタイムでの挙動であり、TypeScriptの「型の世界」における挙動は異なります。

型の世界での typeof は次のコードのように、特定の値の型情報を抽出する役割を果たします。

```
let personName = 'Michael Jackson'
let personAge = 20
const personArr = ['John', 'Paul']
const personObj = {
  nam: 'Stevie Wonder',
  age: 30,
}

type PersonName = typeof personName // string 型
type PersonAge = typeof personAge   // number 型
type PersonArr = typeof personArr   // string[] 型
type PersonObj = typeof personObj   // { name: string; age: number } 型
```

typeof キーワードに続く値に応じて、型情報を得られているのがわかります。

特に、配列やオブジェクトを対象にした場合もきちんと型を取得できていることに注目してください。ランタイム上での typeof では配列もオブジェクトも `'object'` というやや曖昧な値が返ってきていましたが、型の世界の typeof ではより意図に即したような挙動をしてくれています。

typeof は、値の世界と型の世界をつなげる役割をしてくれるものといえるでしょう。

▶アプリケーションコードでの適用を考える

今回目指しているのは、['normal', 'hard'] という配列から 'noarml' | 'hard' という型を取得したいというものでした。

試しに、typeof を使って次のようなコードを書いてみるとどうなるでしょうか。

```
const modes = ['normal', 'hard']
type Mode = typeof modes // string[] 型
```

この時点で、string[] 型まで取得できました。

最終的に 'noarml' | 'hard' を習得するには、まだいくつかステップを踏む必要がありそうです。

次項以降でさらに検討を進めてみましょう。

■■■ 「Mode」型のリファクタリング②

typeof によって、['normal', 'hard'] という値から string[] 型を習得するところまではできました。さらに、もう一歩踏み込んでみましょう。

▶タプル型

次に知らなければならないTypeScriptの機能が、「タプル（Tuple）型」です。タプル型は今まで登場しなかった、TypeScriptの基本型の1つです。

タプル型がどういう型かというと、次のような特徴を持ったものになります。

● 固定長の配列である

● 配列のそれぞれのインデックスの型が決められている

具体的な挙動が、次のコードになります。

```
let personInfo: [string, number] // タプル型の変数を定義
personInfo = ['Michael Jackson', 20] // OK
personInfo = [20, 'Michael Jackson'] // エラー
personInfo = ['Michael Jackson', 20, 175] // エラー
```

まず、personInfo 変数の宣言時の型情報に着目してください。[string, number] という型アノテーションが書かれています。

これがタプル型の型定義のシンタックスで、[] の表記の中に、[型A, 型B] のように型名をカンマ区切りで書いていくというものです。

[型A, 型B] のタプル型というのは、0番目に 型A 型の値、1番目に 型B 型の値が入った配列であることを示しています。そのため、この時点で、personInfo は0番目にstring型の値、1番目にnumber型の値が入った配列でなければならないということになります。

2行目で personInfo に ['Michael Jackson', 20] という値を代入していますが、これは問題ありません。

3行目の [20, 'Michael Jackson'] という値は [string, number] の型に合致しないということでエラーが発生します。

4行目の `['Michael Jackson', 20, 175]` という値に関しては、0番目と1番目の要素に関しては問題ありませんが、そもそも要素の数が1つ多いということで型エラーが発生します。

このように、配列のインデックスそれぞれに型が割り当てられており、固定長であるというのがTypeScriptにおけるタプル型となります。

配列型の、より詳細で厳密な型がタプル型であるといえるでしょう。

▶「as const」による型アサーション

ここで少し、型アサーションの話に戻ります。型アサーションとは、as キーワードを使ってTypeScript上での型の解釈をコントロールするための機能でした。

先ほどは、as 型名 といったように任意の型名を指定する、という説明をしましたが、実は as には他のキーワードを続ける使い方もあります。

それが、as const です。 as const には、literal type wideningの動きを抑制する働きがあります。

literal type wideningについては53ページで説明した内容ですが、一言で言うと「ミュータブルな値の型は自動的に汎用型に変換される」というTypeScriptの仕様のことです。

例としては、次のようなコードになります。

```
const personName = 'Michael Jackson' // 'Michael Jackson' 型
const person = {
  name: personName, // オブジェクトに代入されると string 型になる
}

type PersonName = typeof person // { name: string } 型
```

personName は const で宣言されているため、`'Michael Jackson'` 型の値として扱われます。

しかし、personName が person オブジェクトの値の1つとして代入されると、その値は自動的にstring型として扱われるようになります。これは、person.name 自体がミュータブルな値であるためです。

このような、自動的な汎用型への変換がliteral type wideningというものです。

では、このサンプルコードに対して、as const を適用してみましょう。 person 変数の値の後ろに as const を追記しています。

```
const personName = 'Michael Jackson'
const person = {
  name: personName,
} as const // 追記

type PersonName = typeof person // { name: 'Michael Jackson' } 型
```

as const がついた結果、person.name の型がstring 型ではなく `'Michael Jackson'` 型となりました。これが、literal type wideningが抑制されているということの意味です。

▶タプル型と「as const」

先ほどはオブジェクトに対して **as const** を付加するサンプルコードを紹介しましたが、配列との組み合わせも強力です。なぜなら、配列に対して **as const** を指定することで、タプル型に変換できるからです。

具体的なコードを見てみましょう。

```
const personArray = ['John', 'Paul'] // string[] 型
const personTuple = ['John', 'Paul'] as const // ['John', 'Paul'] 型
```

personArray 変数は通常の配列の宣言なのでliteral type wideningが効いて **string[]** 型になっています。

一方、**personTuple** 変数は **as const** によってliteral type wideningが抑制されて **['John', 'Paul']** 型となっています。

このように、**as const** によって配列型のデータを簡単にタプル型に変換できるのです。

▶アプリケーションコードでの適用を考える

さて、このタプル型と **as const** の知識を使って、アプリケーションのコードへの適用を考えてみましょう。

as const を追加するような形で、次のように書いてみます。

```
const modes = ['normal', 'hard'] as const
type Mode = typeof modes // ['normal', 'hard'] 型
```

これで、**['normal', 'hard']** という値から **['normal', 'hard']** 型を取得できました。

目標の **'normal' | 'hard'** 型の取得まで、あと少しです。

「Mode」型のリファクタリング③

タプル型と **as const** について知ることで、**['normal', 'hard']** という値から、**['normal', 'hard']** 型を取得するところまではできました。

最後のひと押しとして、型の取り出しについて理解を深めましょう。

▶interface、オブジェクト型からの型の取得

JavaScript上で **person** という名前のオブジェクトがあるとき、**person.name** のような形でキーに紐付く値を取得できます。これと同じように、interfaceやオブジェクト型からも、ネストされた型を取得できます。

次のコードでは、**Person** 型が含む **name** プロパティの型を取得する例です。

```
type Person = {
  name: string
  age: number
}

type PersonName = Person['name'] // string 型
```

見ての通り、Person というオブジェクト型に対して [] を続け、その中にキー名の文字列を指定することで、name プロパティの型を取得できています。interfaceから型を取り出すときも、同様のシンタックスとなります。

JavaScriptのオブジェクトは person.name と person['name'] といった2通りの方法でプロパティにアクセスできます。

しかし、TypeScriptの型では、Person.name といったシンタックスは有効ではなく、Person['name'] のシンタックスのみが有効なので注意しましょう。

▶ タプル、配列の型の取り出し

interfaceやオブジェクトの型からネストされた型を取得できるように、タプル型や配列型の型からも中身を取り出せます。

まずはタプル型から見ていきましょう。次のコードのように、タプル型の中身は [] にインデックス番号を入れることで取り出せます。

```
/* タプル型の例 */
type Persons = ['John', 'Paul']
type FirstPerson = Persons[0]  // 'John' 型
type SecondPerson = Persons[1] // 'Paul' 型
type ThirdPerson = Persons[2]  // エラー
```

タプル型は固定長な型なので、存在しないインデックスを与えるとエラーになります。

次に、配列型についても見ていきましょう。次のコードのように、配列型もタプル型と同様に [] の形式でインデックス番号を与えることで中身の型を取り出せます。

```
/* 配列型の例 */
type Persons = string[]
type Person1 = Persons[0]      // string 型
type Person2 = Persons[100]    // string 型
type Person3 = Persons[number] // string 型
```

配列は可変長ということでインデックス番号は数値であれば何でもよいのですが、だからといって特に意味のない数字を入れるというのも変な話です。

そこで、代わりに number というキーワードによる指定も用意されています。number キーワードは、特にどのインデックスとは明示せずにすべての中身を対象とするような役割があります。

この number というキーワードは、実はタプル型に対しても使用できます。タプル型に対して [number] で型を取り出すと、そのタプル型が抱えているすべての型のユニオン型が取得できます。

次のコードでは、Persons というタプル型から、'John' | 'Paul' というユニオン型が取得されることを示しています。

```
/* タプル型で [number] を使用した例 */
type Persons = ['John', 'Paul']
type PersonsUnionType = Persons[number] // 'John' | 'Paul' 型
```

このようにして、TypeScriptでは柔軟に型を取得できる仕組みが用意されているということです。

▶ アプリケーションコードでの適用を考える

さて、説明が長くなりましたが、これらの知識を生かしていよいよアプリケーションのコードを修正してみましょう。

次のように修正を加えることで、既存の動きを変えずにコードをよりDRYにできます。

SAMPLE CODE src/index.ts

```
-type Mode = 'normal' | 'hard'
+const modes = ['normal', 'hard'] as const
+type Mode = typeof modes[number]

 class HitAndBlow {
   // 省略
   async setting() {
-    this.mode = await promptSelect<Mode>('モードを入力してください。', ['normal', 'hard'])
+    this.mode = await promptSelect<Mode>('モードを入力してください。', modes)
     // 省略
   }
   // 省略
 }
```

`as const` 付きで宣言された `modes` 変数は、`['normal', 'hard']` というタプル型になります。そして、`typeof modes[number]` という記述から `'normal' | 'hard'` という型を作り出し、`Mode` 型として定義しています。

変更を加えたコード量としては多くはありませんが、TypeScriptの複数の機能が組み合わさっているため、やや難易度が高く感じるかもしれません。少しでも理解が怪しいところがあれば、もう一度本書の解説を読み込んだり手元でコードを書いてみたりして、何が起こっているかきちんと把握しておきましょう。

▶ 動作確認

最後に、`$ npm run start` を実行して、アプリケーションの挙動を確認しておきましょう。今まで通りエラーなくゲームが遊べれば問題ありません。

SECTION-013

ゲームの処理を汎用的にしてみよう

　現状のコードでもゲームアプリとしては十分な内容になっていますが、ここからはさらに一歩踏み込んだ機能を作っていきましょう。具体的には、ヒット・アンド・ブローだけでなく、さまざまなゲームを扱えるような汎用的なコードに変更していきます。

　処理の汎化や抽象化も、TypeScriptの力を借りればストレスもなく行えると実感できるはずです。

「GameProcedure」クラスの作成①

　現状のアプリケーションをより汎用的な形にするために、HitAndBlow クラスを扱うためのクラスを用意しましょう。

▶「GameProcedure」の役割

　これから追加していくのは、GameProcedure と呼ばれるクラスです。GameProcedure クラスは、HitAndBlow を始めとする複数のゲーム系のクラスを抱え、それらを管理するようなクラスです。

　大きな機能としては、次の3つとなります。

- 遊ぶゲームを選択する
- ゲームを始める
- ゲームが終わったときに次の3つの選択肢を提示する
  - play again（もう一度遊ぶ）
  - change game（別のゲームで遊ぶ）
  - exit（アプリを終了する）

　今までは npm run start を実行すると自動的にヒット・アンド・ブローのゲームが開始されました。しかし、GameProcedure クラスを作ることで、どのゲームで遊ぶかを選択できるようになるということです。

　最終的なアプリケーションのフローは、次のようになります。

●最終的なアプリケーションのフロー

```
┌─────────────┐
│  アプリを開始  │
└─────────────┘
       │
       ▼
┌─────────────┐
│  ゲームを選択  │◀──────────┐
└─────────────┘            │
       │                   │
       ▼                   │
┌─────────────┐            │
│  ゲームを開始  │◀──────┐    │
└─────────────┘        │    │
       │               │    │
       ▼               │    │
┌─────────────┐        │    │
│  ゲームを実行  │        │    │
└─────────────┘        │    │
       │               │    │
       ▼               │    │
┌─────────────┐        │    │
│  ゲームを終了  │        │    │
└─────────────┘        │    │
       │               │    │
       ▼               │    │
    ◇①もう一度遊ぶ        │    │
    ②別のゲームで遊ぶ◇      │    │
    ③終了する            │    │
       │               │    │
  ┌────┼────┐          │    │
  ▼    ▼    ▼          │    │
①もう  ②別のゲ ③終了       │    │
一度遊ぶ ームで遊ぶ する       │    │
  │    │    │          │    │
  └────│────┘───────────┘    │
       └──────────────────────┘
            │
            ▼
      ┌─────────────┐
      │  アプリを終了  │
      └─────────────┘
```

▌▌▌「GameProcedure」クラスの作成②

それでは早速、`GameProcedure` クラスを実装していきましょう。

▶「GameProcedure」クラスの定義

`GameProcedure` は、次のような実装のクラスにします。

プロパティ/メソッド	説明
「currentGameTitle」プロパティ	現在選択されているゲームのタイトル
「currentGame」プロパティ	現在選択されているゲームクラスのインスタンス
「start」メソッド	ゲームの選択などの初期設定
「play」メソッド	「currentGame」の実行
「end」	アプリケーションの終了

この設計をもとに、次のようにコードを追加しましょう。

SAMPLE CODE src/index.ts

```
+class GameProcedure {
+  private currentGameTitle = 'hit and blow'
+  private currentGame = new HitAndBlow()
+
+  public async start() {
+    await this.play()
+  }
+
+  private async play() {
+    printLine(`===\n${this.currentGameTitle} を開始します。\n===`)
+    await this.currentGame.setting()
+    await this.currentGame.play()
+    this.currentGame.end()
+    this.end()
+  }
+
+  private end() {
+    printLine('ゲームを終了しました。')
+    process.exit()
+  }
+}

 class HitAndBlow {
   // 省略
   end() {
     printLine(`正解です！\n試行回数: ${this.tryCount}回`)
-    process.exit()
   }
 }
```

　最終的には **start** メソッド内で複数の選択肢からゲームを選択できるようにする予定ですが、現時点では選択できません。**currentGameTitle** と **currentGame** のプロパティに関しても、とりあえずはハードコーディングしておきましょう。

　このコードの追加によって、**GameProcedure** クラス経由で **HitAndBlow** クラスの処理を実行できるようになりました。

　即時関数内の処理も次のように変更を加えましょう。

SAMPLE CODE src/index.ts

```
 ;(async () => {
-   const hitAndBlow = new HitAndBlow()
-   await hitAndBlow.setting()
-   await hitAndBlow.play()
-   hitAndBlow.end()
+   new GameProcedure().start()
 })()
```

　ハードコーディングされている箇所があるとはいえ、この時点ですでに一段階の抽象化を達成できました。

▶ 動作確認

　GameProcedure が正しく機能しているか確認してみましょう。 **$ npm run start** を実行して、次のようにゲームが遊べれば問題ありません。

```
$ npm run start

===
hit and blow を開始します。
===

モードを入力してください。
- normal
- hard
> normal

「,」区切りで3つの数字を入力してください
> 1,2,3
---
Hit: 0
Blow: 1
---
```

▌ ゲームを繰り返し遊ぶ機能の実装

現状のコードでは、ヒット・アンド・ブローのゲームをクリアしたらその時点で自動的にアプリ
ケーションも終了となりますが、これを連続して遊べるように変更していきましょう。

▶「play」メソッドの修正

具体的な流れとしては、ヒット・アンド・ブローのゲームのクリア後、「ゲームを続けますか?」
というメッセージを表示し、ユーザーからの入力を待ちます。そして「play again」が選択され
たらもう一度、ゲームを実行し、「exit」なら終了、という分岐にします。

この流れを **play** メソッド内で行えばよいということになります。

このユーザーからの入力を受け付けるという処理は、**HitAndBlow** クラスの **setting** メ
ソッド内のモードの設定部分が参考になりそうです。**setting** メソッドの実装では **modes** 変
数を定義し、その値から **Mode** 型を作り出すという方法でしたが、ここでもそれを踏襲しましょう。

具体的には、次のように **nextActions** 変数を定義し、その値から **NextAction** 型を
作り出します。

SAMPLE CODE src/index.ts

```
+const nextActions = ['play again', 'exit'] as const
+type NextAction = typeof nextActions[number]

 class GameProcedure {
   // 省略
 }
```

これらが定義できたら、実際に **play** メソッド内で **promptSelect** を使用し、ユーザー
からの入力に応じて実行する処理を分岐させるようにします。

SAMPLE CODE src/index.ts

```
 class GameProcedure {
   // 省略
   private async play() {
     // 省略
-    this.end()
+
+    const action = await promptSelect<NextAction>('ゲームを続けますか? ', nextActions)
+    if (action === 'play again') {
+      await this.play()
+    } else if (action === 'exit') {
+      this.end()
+    } else {
+      const neverValue: never = action
+      throw new Error(`${neverValue} is an invalid action.`)
+    }
   }
   // 省略
 }
```

01
02
03
Node.jsで動くアプリケーションを作ってみよう
04
05
A

　強制的に **end** メソッドが呼ばれていたところが、ユーザーからの入力が「exit」だったときのみ **end** メソッドが呼ばれるようになりました。

　また、ここでもnever型が使われていることに着目してください。目的としては、**HitAndBlow** クラスの **getAnswerLength** メソッド内で実装したものとまったく同じです。

　action 変数は **'play again' | 'exit'** 型なので、ここの **else** は到達することが期待されていない節です。そのため、never型で変数を定義することで、「アクションの種類を増やしたのに条件分岐の追加を忘れていた」という場合に、その段階でコンパイルエラーを出せるようになっています。

▶「reset」メソッドの追加

　この状態でも繰り返し遊べるようにはなっているのですが、実は問題点が1つあります。それは、**HitAndBlow** クラスのインスタンス内のデータがクリアされていないという点です。データがクリアされずにもう一度、ゲームを続けた場合、前回ゲームを行った状態のデータが残ったまま新たにゲームを始めることになるので、実際のゲームの結果とは違う値が表示されてしまいます。

　ゲームが終了した時点でこれらはいったんクリアしなければならないので、次のように **HitAndBlow** クラスの **end** メソッド内でデータのクリアを行うようにします。

SAMPLE CODE src/index.ts

```
class HitAndBlow {
  // 省略
  end() {
    printLine(`正解です！ \n試行回数: ${this.tryCount}回`)
+   this.reset()
  }
+
+ private reset() {
+   this.answer = []
+   this.tryCount = 0
+ }
  // 省略
}
```

　これで、繰り返しゲームを行う動作が問題なく動くようになりました。

▶動作確認

　$ npm run start で動作確認をしましょう。ゲームクリア後に、続けてゲームを遊べるようになっていることを確認しましょう。

```
$ npm run start

// 省略

「,」区切りで3つの数字を入力してください
```

```
> 1,2,3
正解です！
試行回数: 1回

ゲームを続けますか？
- play again
- exit
```

ゲームの選択機能の実装①

次に、GameProcedure 上でゲームを選択できるようにしていきましょう。

▶実装方針の説明

アプリケーションの流れとしては、何よりも先に遊ぶゲームを選択してもらう必要があります。そのため、ゲームの選択を促すような実装が GameProcedure の play メソッド内で実装されていればよさそうです。

また、ゲームの選択肢は、「ゲーム名」と「ゲームのクラスのインスタンス」のキーバリューを持つオブジェクト形式で管理することにしましょう。次のようなイメージです。

```
const obj = {
  'game 1': ゲーム1のインスタンス,
  'game 2': ゲーム2のインスタンス,
}
```

具体的には、'hit and blow' キーに HitAndBlow クラスのインスタンスが紐づくような形になります。

なお、選択肢として他のゲームも必要になってくるので、今回は別のゲームとして Janken クラスを用意することにします（ Janken クラスについては細かい解説は省き、コピー&ペーストで追加していきます）。

ユーザーが 'hit and blow' と入力すれば HitAndBlow で遊べますし、'janken' と入力すれば Janken で遊べるというわけです。

ゲームの選択機能の実装②

それでは、ゲームを実際に選択するためのコードを書いていきましょう。

▶「Janken」クラスの追加

まずは、選択の対象となるクラスを追加していきましょう。今回は、じゃんけんで遊べる Janken クラスを追加していきます。

Janken クラスについては、今までの知識だけで理解できるようなコードとなっているため、コードについての説明は省きます。次のURLから、Janken クラスのソースコードをコピー&ペーストして使うようにしましょう。

URL https://github.com/awesome-typescript-book/code-snapshot/blob/
main/03_node-app/013/05_ゲームの選択機能の実装2/
src/index.ts#L157-L236

Janken クラスの挙動を簡単に説明すると、次のようになります。

- ユーザーは何本勝負かを選択(入力)する
- ユーザーは「rock」「paper」「scissors」のいずれかの手を選択(入力)する
- 指定の数の勝負が終わったら、勝ち、負け、あいこの数を表示する

▶ 実装されているメソッドの確認

　Janken の細かい実装内容に関しては重要ではないので解説は省きますが、注目してほしいことが1点だけあります。それは、Janken クラスが HitAndBlow クラス同様に、setting 、play 、end の3つのメソッドを持っていることです。

　この事実が後ほど重要になってきますので、気に留めておきましょう。

▋▋▋ ゲームの選択機能の実装③

　ゲームのクラスが2つになったところで、実際にゲーム選択機能の処理を書いていきましょう。

▶ 「gameStore」プロパティの追加

　選択肢となるゲームを抱える場所として、GameProcedure クラス内に gameStore というプロパティを追加することにします。

　まずは、gameStore の型定義を考えましょう。ゲーム名をキー、ゲームのクラスのインスタンスをバリューに持つ型となるので、次のような型が定義できそうです。

SAMPLE CODE src/index.ts

```
+type GameStore = {
+   'hit and blow': HitAndBlow
+   'janken': Janken
+}
```

　次に、gameStore プロパティを GameProcedure クラスに追加していきます。ゲームのクラスたちとはできるだけ疎結合なコードとなるように、gameStore はコンストラクタで受け取るようにことにしましょう。

　GameProcedure クラスに、次のようなコンストラクタの記述を追加します。

SAMPLE CODE src/index.ts

```
  class GameProcedure {
    // 省略
+   constructor(private readonly gameStore: GameStore) {}
    // 省略
  }
```

　constructor のブロック内に何も書かれていないことを疑問に思うかもしれませんが、これは TypeScript の正しいシンタックスです。この記述だけで、GameProcedure クラスがインスタンス化されるときに gameStore プロパティがセットされることになるのです。

▶ プロパティのセットの省略表記

　`constructor` で引数を受け取っているだけなのにプロパティがセットされるというこの挙動を、もう少し詳しく見てみましょう。

　まず、今までの知識であれば、クラスがインスタンス化されるときのプロパティのセットは次のように行っていたはずです。

```
class Person {
  readonly name: string
  readonly age: number

  constructor(name: string, age: number) {
    this.name = name
    this.age = age
  }
}
```

　見ての通り、この記述では次の2段階のステップを踏んでいます。

- プロパティの型やその他の属性（この場合は「readonly」のことを指しています）を宣言する
- 「constructor」で「this」を使って実際の値をセットする

　しかし、プロパティの宣言と代入に同じような記述が多く、やや冗長に感じられます。この冗長さを回避するために、TypeScriptでは次のような記述で、同じ結果が得られるようになっています。

```
class Person {
  constructor(
    readonly name: string,
    readonly age: number,
  ) {}
}
```

　`readonly` の属性をコンストラクタの引数に付与し、その他の記述が削除されています。
　このような記述にすると、`name` 引数に与えられた値が `name` プロパティとしてセットされ、`age` 引数に与えられた値が `age` プロパティとしてセットされるのです。
　ポイントとしては、`readonly` の属性がコンストラクタの引数に付与されていることです。
　次のように、`readonly`、`public`、`private` といったようなキーワードが1つ以上付いていないと、シンタックスとしては成立するものの、プロパティには自動でセットされません。

```
/* この記述だとプロパティにはセットされない */
class Person {
  constructor(
    name: string,
    age: number,
```

```
  ) {}
}
const person = new Person('John', 20)
console.log(person.name) // エラー (Property 'name' does not exist on type 'Person'.)
```

　プロパティに何の属性も指定しなかったときと同じ挙動にしたいときは、次のように **public** を付与すれば問題ありません。

```
/* public を付ける */
class Person {
  constructor(
    public name: string,
    public age: number,
  ) {}
}
const person = new Person('John', 20)
console.log(person.name) // OK
```

　このプロパティの省略表記を利用して、**GameProcedure** の **constructor** ではたったの1行で **gameStore** プロパティを追加できたというわけです。

▶インスタンス作成時の引数の修正

　最後に、**GameProcedure** をインスタンス化している箇所に引数を渡してあげなければなりません。最下部の即時関数内の処理を次のように変更します。

SAMPLE CODE src/index.ts

```
 ;(async () => {
-   new GameProcedure().start()
+   new GameProcedure({
+     'hit and blow': new HitAndBlow(),
+     'janken': new Janken(),
+   }).start()
 })()
```

　'hit and blow' のキーには **HitAndBlow** クラスのインスタンスを、**janken** のキーには **Janken** クラスのインスタンスを紐付けています。ここに入る値は **GameStore** 型になるので、たとえばキー名を変更したり、他のキーバリューペアを追加しようとしたりするとエラーとなることを確認してください。

　この時点ではまだゲームの種類を選択できるようになったわけではないので、動作は変わっていません。

ゲームの選択機能の実装④

ここまでの変更で、ゲームを選択するための準備が整いました。後は実際にユーザーに
ゲームを選んでもらう処理を書くだけです。

▶「select」メソッドの追加の準備

それでは、ユーザーにゲームの選択を促すための select メソッドを GameProcedure に
実装していきましょう。

この select メソッドは、start メソッド内で呼び出されることを想定しています。現時点
ではまだ実装していないのでエラーになりますが、使用のイメージを湧かせるために先に追加
してしまいましょう。

SAMPLE CODE src/index.ts

```
  class GameProcedure {
    // 省略
    public async start() {
+     await this.select()
      await this.play()
    }
    // 省略
  }
```

次に、実際に select メソッドを追加していくのですが、事前にどういった処理を書いてい
くかをイメージしておきましょう。

ここでやりたいことは、次の3つになります。

- ユーザーへゲームの選択(ゲームタイトルの入力)を促す
- 入力された値を「currentTitle」プロパティにセットする
- 入力された値に対応するゲームのインスタンスを「currentGame」にセットする

まず1つ目の「ユーザーへゲームの選択(ゲームタイトルの入力)を促す」ですが、ユーザーに
選択を促す場合は promptSelect 関数を使って処理していくことになります。そして、prompt
Select を使う場合は、選択肢となる値を用意しておく必要があります。

これに関しては、HitAndBlow クラスのモード選択で行ったのと同じ手法で、選択肢とそ
のユニオン型の型を作成していくことにしましょう。

SAMPLE CODE src/index.ts

```
+const gameTitles = ['hit and blow', 'janken'] as const
+type GameTitle = typeof gameTitles[number]
 type GameStore = {
   // 省略
 }
```

記述場所はどこでも大丈夫ですが、GameStore 型の宣言の上に書いておくことにします。

次に、2つ目の「入力された値を `currentTitle` プロパティにセットする」に関して、現状はプロパティの宣言の箇所で `'hit and blow'` という暫定的な値がハードコーディングされています。

これは、次のように、先ほど追加した `GameTitle` 型を使って置き換えておきましょう。初期値として空文字が入るように、ユニオン型の宣言としています。

SAMPLE CODE src/index.ts

```
class GameProcedure {
- 　private currentGameTitle = 'hit and blow'
+ 　private currentGameTitle: GameTitle | '' = ''
　// 省略
}
```

3つ目の `currentGame` に関しても同様に、ハードコーディングされている `new HitAnd Blow()` の値を書き換えて置く必要があります。

次のように、`HitAndBlow` と `Janken` と `null` のユニオン型となるようにコードを変更しましょう。

SAMPLE CODE src/index.ts

```
class GameProcedure {
　private currentGameTitle: GameTitle | '' = ''
- 　private currentGame = new HitAndBlow()
+ 　private currentGame: HitAndBlow | Janken | null = null
```

`HitAndBlow` と `Janken` という具体的なクラスに依存する記述になってしまっているのが気になりますが、ここに関しては後ほど改善します。今はいったん目をつむりましょう。

この修正によって、`play` メソッド内でエラーが発生するようになりました。これは、`current Game` がnull型である可能性が出てきてしまったからです。

`currentGame` が `null` のまま `play` メソッドが実行されることは想定しない処理になるので、次のような1行を追加してエラーとして補足してしまいましょう。

SAMPLE CODE src/index.ts

```
class GameProcedure {
　// 省略
　private async play() {
+ 　　if (!this.currentGame) throw new Error('ゲームが選択されていません')
　　// 省略
　}
}
```

これで、`play` 内のエラーは解消されました。

▶「select」メソッドの追加

さて、これらの準備が整ったところで、実際に select メソッドを追加していきましょう。次のようにコードを追加します。

SAMPLE CODE src/index.ts

```
  class GameProcedure {
    // 省略
+   private async select() {
+     this.currentGameTitle =
+       await promptSelect<GameTitle>('ゲームのタイトルを入力してください。', gameTitles)
+     this.currentGame = this.gameStore[this.currentGameTitle]
+   }
    // 省略
  }
```

準備段階での正しい型宣言が書けていれば、問題なくコンパイルが通るはずです。

select メソッド内での型解決は、今までに出てきた知識だけで説明ができます。逆に、どういった型解決がされているのかがうまく説明できないという方は、改めて次のようなトピックを復習してみてもよいかもしれません。

- ユニオン型
- タプル型
- ジェネリクス

▶動作確認

$ npm run start を実行して、始めにゲームを選択できるようになっていることを確認しましょう。

```
$ npm run start

ゲームのタイトルを入力してください。
- hit and blow
- janken
> hit and blow
===
hit and blow を開始します。
===
```

III ゲームの変更機能の実装

さて、アプリケーション起動時にゲームが選択できるようになりましたが、このままでは最初に選んだゲームをずっと遊び続けなければなりません。特定のゲームを遊び終わったら、他のゲームに変更できる選択肢があるとよさそうです。

▶ ゲーム変更オプションの追加

現状はゲームが終了した後に 'play again' か 'exit' の2つの選択肢しかありません。これに 'change game' を追加してみましょう。

次のようにコードを変更します。

```
SAMPLE CODE   src/index.ts
```

```
-const nextActions = ['play again', 'exit'] as const
+const nextActions = ['play again', 'change game', 'exit'] as const
 type NextAction = typeof nextActions[number]

 class GameProcedure {
   // 省略
   private async play() {
     const action = await promptSelect<NextAction>('ゲームを続けますか？ ', nextActions)
     if (action === 'play again') {
       await this.play()
+    } else if (action === 'change game') {
+      await this.select()
+      await this.play()
     } else if (action === 'exit') {
       // 省略
     }
   }
 }
```

'change game' が選択された場合、start メソッドの処理と同じく、select メソッドと play メソッドを順に実行するようにしています。

また、このコードを書く中で、nextActions の配列に 'change game' を加えた段階でコンパイルエラーが発生したことに気がついたでしょうか。

play メソッド内の条件分岐部分で、never型を利用したエラー検知の仕組みを作っておきましたが、その部分でエラーが検知されたわけです。

今回はコードベースも小さく影響範囲も狭かったのですが、より大規模な開発になってくると、こういった型レベルでのエラー検知の仕組みがより効果を発揮してくることでしょう。

▶動作確認

$ `npm run start` を実行して、ゲーム終了後の画面に別のゲームを選択できるようになっていることを確認しましょう。

```
$ npm run start

// 省略

ゲームを続けますか？
- play again
- change game
- exit
```

「GameStore」型のリファクタリング①

ここまでの変更で、アプリケーションの機能としては完成です。手元で全体的に動かしてみて、問題なくゲームが遊べることを確認してみましょう。

挙動に問題がなさそうであれば、最後にソースコードレベルでのブラッシュアップを行っていきましょう。

▶現状の課題

現状のコードで気になる点として、GameStore 型の宣言部分が挙げられます。課題としては、次の2点です。

- 「GameStore」型のキーの文字列は「gameTitles」変数の値と同じものが入るので、二重管理になってしまっていること
- 「HitAndBlow」「Janken」といったような具体的なクラス名が登場し、疎結合でないコードになっていること

SAMPLE CODE src/index.ts

```
// ① 'hit and blow' と 'janken' の文字列が DRY でない
// ② HitAndBlow、Janken というクラスが登場し、疎結合でない
const gameTitles = ['hit and blow', 'janken'] as const
// 省略
type GameStore = {
  'hit and blow': HitAndBlow
  'janken': Janken
}
```

このような状態だと、今後ゲームが増えたときに修正しなければならないコードが多く、改修コストに影響してきます。また、疎結合でないコードに対してはテストを書くのも難しくなってしまうでしょう。

129

▶インデックスシグネチャによるキーの汎化

　まずは、1つ目の「`GameStore`のキーが二重管理である」という課題にアプローチしていきます。

　文字列がハードコーディングされることを避けたいので、まずは「何でもいい文字列がキーとなるオブジェクト」という汎化させた型を検討してみましょう。

　「何でもいい文字列がキーとなるオブジェクト」というのは、TypeScript上ではどう表現するのでしょうか。実は、今まで出てきたinterfaceやオブジェクト型は、すべてキー名が事前に決まっている形のものだったので、「何でもいい文字列」というのが入る型は出てきていませんでした。

　「何でもいい文字列がキーとなるオブジェクト」の型を実現するには、TypeScriptの**インデックスシグネチャ(Index Signature)**という機能を使う必要があります。

　インデックスシグネチャを用いた型の宣言は、次のサンプルコードのようになります。ここでは`Songs`型が「何でもいい文字列がキーとなるオブジェクト」という型になっているので`songs`変数のキーには自由な文字列を入れられていることがわかります。

```
type Songs = {
  [key: string]: { composer: string, length: number }
}

const songs: Songs = {
  'Help!': { composer: 'John', length: 138 },
  'Yesterday': { composer: 'Paul', length: 123 },
}
```

　着目する点は、`Songs`型の`[key: string]`の部分です。オブジェクトの型のキーに対して`[]`を使うことで、インデックスシグネチャの宣言となります。

　`[]`の中身ですが、`key: string`という表記がされています。この`key`の部分には任意の名前を付けてしまって大丈夫です。今回の`Songs`型の場合、オブジェクトのキーが曲名を表しているので、`title`のようにしてもよいでしょう。

　`: string`は、そのキーの型を表しています。JavaScriptはオブジェクトのキーに数値を指定することもできるので`: number`という表記も可能ですが、ほとんどのケースでは`: string`を使うことになるでしょう。

　キーに対応するバリュー部分に関しては今までの型宣言と変わらないので、たとえば次のように型を無視した値を入れようとすると、当然エラーとなります。

```
const songs: Songs = {
  'Hey Jude': { composer: 'Paul' }, // length プロパティがないのでエラー
}
```

▶ GameStoreへのインデックスシグネチャの適用

それでは、このインデックスシグネチャの機能を `GameStore` の型宣言に適用してみましょう。次のようにコードを変更します。

SAMPLE CODE src/index.ts

```
  type GameStore = {
-   'hit and blow': HitAndBlow
-   'janken': Janken
+   [key: string]: HitAndBlow | Janken
  }
```

キーにインデックスシグネチャを適用した上で、バリューは `HitAndBlow | Janken` のユニオン型に変更しています。こうすることで、`'hit and blow'` や `'janken'` といった文字列をハードコーディングしないで済むようになりました。

▶ インデックスシグネチャの落とし穴

一見するとこれでよいコードになった気がしますが、実はこの状態のコードには落とし穴があります。

それは、キーにどんな文字列でも入れられるようになってしまったことで、型のチェックが甘くなってしまった点です。

まず、先ほどのサンプルコードを用いて説明します。インデックスシグネチャを利用した場合、たとえば次のような値の取り出し方をしたときもコンパイルエラーは発生してくれません。

```
/* コンパイルエラーが発生してほしいのに発生しない例 */
type Songs = {
  [key: string]: { composer: string, length: number }
}

const songs: Songs = {
  'Help!': { composer: 'John', length: 138 },
  'Yesterday': { composer: 'Paul', length: 123 },
}

// songs に 'Hey Jude' は存在しないが、コンパイルエラーは発生しない
console.log(songs['Hey Jude'].composer)
```

これは、インデックスシグネチャによって **songs** のキーの型が「どんな文字列でもOK」という状態になってしまっているからです。今回書いているアプリケーションのコードでも、同じような問題が発生しています。

一時的に、**gameTitles** 変数に新たなゲームタイトルを追加してみましょう（動作確認のために追加しているだけなので、後ほど削除してください）。

src/index.ts

```
-const gameTitles = ['hit and blow', 'janken'] as const
+const gameTitles = ['hit and blow', 'janken', 'back gammon'] as const
```

このとき、**'back gammon'** というタイトルに対応するゲームは実装されていないので、**'back gammon'** のタイトルが選択されるとランタイムでエラーとなってしまいます。これは、以前までの **GameStore** の型定義であれば **select** メソッド内でコンパイルエラーが発生するので気付けていた部分です。

このように、インデックスシグネチャを使うと汎用的な型を表現できる一方、型の縛りを緩くしてしまうという作用もあります。使用の際は十分に気をつけましょう。

Ⅲ 「GameStore」型のリファクタリング②

さて、インデックスシグネチャの使用で **GameStore** の型が緩くなってしまった問題を解決していきましょう。

▶Mapped Typesによるキーの制限

今回の問題の原因は、インデックスシグネチャを使って「何でもいい文字列がキーとなるオブジェクト」を作ってしまったことです。

ここはやはり、元の型定義と同じように、「**'hit and blow'** と **'janken'** のキーを持つオブジェクト」という形は保つ必要がありそうです。しかし、ここでハードコーディングしてしまっては元の型定義に戻ってしまうだけなので、他の方法を考えます。

そもそも **GameTitle** のキーのハードコーディングを避けたい理由は、**gameTitles** の **['hit and blow', 'janken']** という値と二重管理になってしまうからというものでした。であれば、**gameTitles** からなんとか型が生成できれば、問題の解決になりそうです。

ここで注目するのが、**GameTitle** 型です。

これは、**gameTitles** から生成された、**'hit and blow'** | **'janken'** 型というユニオン型であることを思い出してみてください。実は、TypeScriptの**Mapped Types**という仕組みを使うことで、このユニオン型がオブジェクトのキーとなるような型を生成できるのです。

Mapped Typesを利用してユニオン型から新たなオブジェクト型を生成する例が、次のコードです。**'Michael'** は **Band** 型のキーとしては不整合なので、コンパイルエラーが発生しています。

```
/* ユニオン型からオブジェクトのキーを生成するサンプル */
type Member = 'John' | 'Paul' | 'George' | 'Ringo'
type Band = {
  [key in Member]: { part: string }
}
```

```
// Band 型は、次のような型を宣言しているのと同じ
// type Band = {
//   'John'   : { part: string },
//   'Paul'   : { part: string },
//   'George' : { part: string },
//   'Ringo'  : { part: string },
// }

const band: Band = {
  'John'   : { part: 'guitar' },
  'Paul'   : { part: 'base' },
  'George' : { part: 'guitar' },
  'Ringo'  : { part: 'drums' },
  'Michael': { part: 'dance' }, // 'Michael' のキーはエラー
}
```

このコードでは、ユニオン型である **Member** 型のそれぞれの文字列をキーに持つ **Band** 型が作られているのがわかります。

Band 型のシンタックスは、次のようになっています。

```
type Band = {
  [key in Member]: { part: string }
}
```

これを、**type Band =** の型エイリアス部分を無視して型宣言部分を一般化すると、次のような構成になります。

```
{ [K in T]: U }
```

これがMapped Typesという機能のシンタックスです。

T には、文字列か数値のユニオン型が入ります。今回の場合は、**Member** がそれに当たります。 **K** は、ユニオン型である **T** の1つひとつの型を表しています。

JavaScriptで配列を **map** すると、コールバックの第1引数でそれぞれの値を受け取れますが、そのような仕組みだと思ってください。

今回の場合は、**key** という名前を割り当てています。 **U** には、オブジェクトのバリューの型を指定します。上記のコードでは **{ part: string }** 型を指定しています。

▶Mapped Typesの適用

それでは、実際にMapped Typesを使ってアプリケーションのコードを修正していきましょう。今回はすでに `GameTitle` という、選択肢となりえるゲームのタイトルのユニオン型が存在するので、これをそのまま使えばよさそうです。

次のようにコードを変更します。

SAMPLE CODE src/index.ts

```
  type GameTitle = typeof gameTitles[number]
  type GameStore = {
-   [key: string]: HitAndBlow | Janken
+   [key in GameTitle]: HitAndBlow | Janken
  }
```

この変更を加えた結果、`GameStore` 型は、`'hit and blow'` と `'janken'` という文字列を持っていないにもかかわらず、`'hit and blow'` と `'janken'` をキーに持つオブジェクトの型とすることができました。

型が正しく機能するかを確かめるために、`gameTitles` 配列に再び `'back gammon'` などの文字列を加えてみましょう。

そうすると、ファイル最下部の `GameProcedure` のインスタンスを作成している箇所で、「`'back gammon'` のキーがない」という趣旨のコンパイルエラーが発生するはずです。

このMapped Typesを利用した修正によって `GameStore` 型の宣言でキーのハードコーディングをする必要性がなくなり、コードとしてもすっきりしました。

抽象クラス「Game」の追加

さて、ここまでリファクタリングを進めてきましたが、まだ気になる点が2つあります。

1つは、`HitAndBlow | Janken` という個別具体的な型が2箇所で使われている点です。このままだと、たとえば `BackGammon` クラスという新たなゲームのクラスが追加されたら `HitAndBlow | Janken | BackGammon` 型としなければなりませんし、その後も新たなゲームが追加されるたびに修正していかなければなりません。

```
// HitAndBlow | Janken という方の宣言が 2 箇所でされている
type GameStore = {
  [key in GameTitle]: HitAndBlow | Janken
}

class GameProcedure {
  // 省略
  private currentGame: HitAndBlow | Janken | null = null
  // 省略
}
```

もう1つは、新たなゲームを実装するときに、どんなメソッドを持ったクラスを作ればよいのか
がわからないという点です。

GameProcedure クラス内の処理を読めば、setting、play、end の3つのメソッド
を持つようなクラスであれば GameProcedure 内で問題なく扱えることはわかります。

しかし、GameProcedure のコードを読み込み、必要なメソッドを洗い出さないと実装方針
を立てられないというのはあまりに不便です。

これらの2つの問題を最後のリファクタリングとして解消していきましょう。

▶ 抽象クラスと抽象メソッド

前述した2つの問題は、実は1種類のアプローチで同時に解決ができます。その手法という
のが、ゲームのクラスの抽象化です。

現状は、HitAndBlow と Janken という2つの具体的なクラスに分かれていますが、これ
らの最大公約数的な部分を抜き出して、抽象的なクラスを用意するということです。

最大公約数的な部分というのは、具体的には共通して持っているプロパティやメソッドのこ
とです。それも、名前だけ同じというわけではなく、型まで同じかどうかが重要になってきます。

実際に HitAndBlow クラスと Janken クラスを見てみると、setting、play、end の
3つのメソッドを共通して持っていることがわかります。また、それぞれの型も次のように共通して
います。

メソッド	型
setting	「() => Promise<void>」型
play	「() => Promise<void>」型
end	「() => void」型

この3つが、HitAndBlow と Janken クラスの抽象化の最大公約数的な部分であり、抽
象化の対象となる部分でもあります。

● 抽象クラスの実装

実際に、これらの情報をもとに抽象クラスを作っていきましょう。今回は HitAndBlow
と Janken の上位概念ということで、Game というクラス名にします。

抽象クラスは、次のように abstract キーワードを使ってクラスの宣言を行います。

SAMPLE CODE src/index.ts

```
+abstract class Game {
+}
```

これで、抽象クラスである Game クラスが宣言できました。

● 抽象メソッドの実装

この Game という抽象クラスでは、「それぞれの具体的なゲームのクラスにどのような振る舞
いが実装されていてほしいか」という情報を、抽象的に、型によって表現します。

HitAndBlow と Janken の両クラスは setting、play、end の3つのメソッドが実
装されているのでした。これらを Game の抽象クラス上で表現していきましょう。

次のように、**abstract** キーワードを使ってメソッドとその型を表現していきます。

SAMPLE CODE src/index.ts

```
 abstract class Game {
+  abstract setting(): Promise<void>
+  abstract play(): Promise<void>
+  abstract end(): void
 }
```

この **abstract** キーワードの付いたメソッドを**抽象メソッド**と呼びます。抽象メソッドも抽象クラスと同じように、具体的な実装を持たない型だけの存在です。

ここまでの実装で、抽象的な3つのメソッドを持つ、抽象的なクラスである **Game** というクラスの宣言が完了しました。

▶**抽象クラスの利用**

では早速、**Game** クラスを利用してみましょう。

宣言された抽象クラスを利用するのは、具体的な実装を任されているそれぞれのクラス（**具象クラス**と呼びます）です。今回は、**HitAndBlow** と **Janken** の2つのクラスが **Game** のクラスを利用する形になります。

抽象クラスの利用には、**implements** というキーワードを使用します。ソースコードを次のように変更してみましょう。

SAMPLE CODE src/index.ts

```
-class HitAndBlow {
+class HitAndBlow implements Game {
   // 省略
 }
 // 省略
-class Janken {
+class Janken implements Game {
   // 省略
 }
```

HitAndBlow と **Janken** のそれぞれに、**implements Game** という情報が付与されました。

「implement」という単語は「実装」という意味なので、表記上は「**HitAndBlow** クラスは **Game** の抽象クラスを実装しています」というような意味合いとなります。そして実際の挙動としても、**HitAndBlow** クラスが **Game** の抽象クラスに従った実装になっているかを保証するものとなります。

抽象クラスが正しく機能しているかどうかを確認するために、一時的に次のようにコードを変更してみましょう。わざと **Game** の抽象クラスの定義から逸脱するように、**HitAndBlow** の **end** メソッドでstring型のデータを引数として受け取るようにしています（動作確認のために追加しているだけなので、後ほど削除してください）。

SAMPLE CODE src/index.ts

```
class HitAndBlow implements Game {
  // 省略
- end() {
+ end(someValue: string) {
    // 省略
  }
  // 省略
}
```

このとき、end メソッド部分でコンパイルエラーが発生するはずです。なぜなら、Game の抽象クラスでは end メソッドは () => void 型であることが指定されているからです。

Janken クラスの play メソッドを削除するなどをしても、同じように Game の抽象クラスから逸脱した実装であるという旨のエラーが発生します。

このように、implements で対象となる抽象クラスを指定することで、具体的なクラスの実装を型レベルで保証できるのです。

▶ 抽象クラスの型としての利用

抽象クラスはそれ単体でインスタンス化するようなものではなく、通常のクラスとは使われ方が異なることを説明しました。しかし、一方で、通常のクラスと同じように「型」としての利用はできます。

今回、作成した Game という抽象クラスは、HitAndBlow と Janken の両クラスの最大公約数的な型であると同時に、GameProcedure 内部で必要とされている setting、play、end の3つのメソッドを持つことを保証した型でもあります。

そのため、現在、2箇所で使われている HitAndBlow | Janken という型宣言の部分は Game に置き換えても問題ないということになります。

コードを次のように変更しましょう。

SAMPLE CODE src/index.ts

```
type GameStore = {
- [key in GameTitle]: HitAndBlow | Janken
+ [key in GameTitle]: Game
}
// 省略

class GameProcedure {
  // 省略
- private currentGame: HitAndBlow | Janken | null = null
+ private currentGame: Game | null = null
  // 省略
}
```

HitAndBlow | Janken という具体的なクラスの指定から、一段階抽象させた Game という型に置き換えられました。これによって、新規でゲームのクラスを追加する場合も、imple ments Game を付与したクラスを定義し、Game の抽象クラスで表現されている実装とすれば、GameProcedure 内での動作が保証されるということにもなります。

今回解決したかった課題は、次の2点でした。

- 「HitAndBlow | Janken」という型が2箇所で使われている
- 新たなゲームを実装するときに、どんなメソッドを持ったクラスを作ればよいのかがわからない

これらが同時に解消されたわけです。

▶ 挙動の確認

この修正で、アプリケーションは完成です。実際に手元で動かしてみて、挙動に問題がないかを確認してみましょう。

COLUMN 抽象クラスのextends

abstract を使った抽象クラスはインスタンス化はできませんが、具体的な実装を持てないというわけではありません。 abstract キーワードなしのプロパティやメソッドを抽象クラス側に実装し、implements の代わりに extends を使うことで、具象クラス側にその実装を継承させることもできます。

次のサンプルコードでは、抽象クラスとなる Animal クラスを定義し、Dog クラスと Cat クラスが具象クラスとなっています。

抽象クラスである Animal クラスが sleep メソッドの実装を持っていること、そして具象クラスである Dog クラスと Cat クラスがそれを実行できていることに着目してください。

```
abstract class Animal {
  abstract bark(): void

  sleep() {
    console.log('zzz...')
  }
}

class Dog extends Animal {
  bark() {
    console.log('bowwow')
  }
}

class Cat extends Animal {
  bark() {
    console.log('meow')
  }
```

▼

```
}
```

```
const dog = new Dog()
dog.bark() // bowwow
dog.sleep() // zzz...

const cat = new Cat()
cat.bark() // meow
cat.sleep() // zzz...
```

このように、抽象クラスを extends した具象クラスでは、抽象クラスの実装が継承されます。

すべての具象クラスに同じ機能を持たせたい場合は、extends を使うとよいでしょう。

COLUMN　interfaceのimplements

今回の Game クラスのように、実装をまったく持たないものの場合は、実は抽象クラス化するまでもなくinterfaceでその役割を代替できます。

次のサンプルコードでは、抽象クラス Game の代わりに、Game interfaceを宣言しています。

```
interface Game {
  setting(): Promise<void>
  play(): Promise<void>
  end(): void
}

class HitAndBlow implements Game {
  // 省略
}

class Janken implements Game {
  // 省略
}
```

具体的な実装を持たせられてしまう抽象クラスを使うより、interfaceを使った方がコードの読み手の解釈の余地は狭められます。

各メソッドが正しい型で実装されていることを保証させたいというだけの目的であれば、interfaceを使った実装でもよいでしょう。

まとめ

　本章では、Node.js製のゲームをTypeScriptで実装しつつ、CHAPTER 02でカバーできなかったTypeScriptの機能や使い所について紹介していきました。

　ユニオン型やnever型、タプル型といったような基礎から一歩踏み込んだような型は、実際にアプリケーションを書いていく中で当たり前のように登場してきます。やや難易度が高く感じられたかもしれないジェネリクスやMapped Typesへの理解も、TypeScriptを読み書きしていく上では避けて通れません。

　実際のアプリケーションはもっと多くのコードを書くことになるはずですが、本章で紹介した知識やテクニックが身に付いていれば、多くのケースではそれほどつまずかずにTypeScriptのコードを書いていけるでしょう。少しでも理解が怪しい所があれば、改めて手元でコードを書いてみて挙動を確かめてみましょう。

　CHAPTER 04では、ブラウザ上で動作する簡単なWebアプリケーションの実装をしてみます。本章までの知識を前提としつつ、ライブラリの使い方やモジュール管理、ブラウザのAPIの使い方などにフォーカスを当てて説明をしていきます。

CHAPTER 04

ブラウザで動く
アプリケーションを
作ってみよう

CHAPTER 03では、これまで学んだTypeScriptの知識を使ってNode.js上で実際に動くゲームアプリを作りました。しかし、実際のTypeScriptのユースケースを考えてみると、Webブラウザで動くアプリを作るためにTypeScriptを使いたい場合もあるでしょう。

TypeScriptでブラウザ用のコードを書こうとすると、さまざまなブラウザ環境を考慮したコンパイルを行ったり、ブラウザに実装されているAPIを使ったりと、ブラウザ特有の事情が多く出てきます。それらに対応できるよう、本章ではブラウザで動くアプリを作っていきます。

基本的にはCHAPTER 03と同じようにアプリを作りながらTypeScriptのこれまで出てこなかった発展的な機能を学びつつ、ブラウザ特有の事情に対応する方法も学んでいきます。

本章で作成するサンプルアプリ

　Webフロントエンド界隈では、UIライブラリやJavaScriptフレームワークの使い勝手を調べるためのサンプル実装の題材としてはTODOアプリが選ばれることが多いですが、アプリの仕様がシンプルであることや、コード量が少なすぎず多すぎないことなどがその理由なのではないかと筆者は考えています。

　本章でもその例にもれず、TODOアプリを作りながらTypeScriptを学んでいきましょう。

TODOアプリの仕様

　まずは作成するアプリの完成形の見た目を確認してみましょう。

●TODOアプリの完成形

　シンプルなTODOアプリなので、おそらく見てすぐにどういう機能があるのかは簡単に想像がつくかと思います。仕様をまとめると次のようになります。

- タスクを作成できる
  - 作成時にタスクのタイトルを決める
- タスクをドラッグ&ドロップで移動してステータスを変更できる
  - ステータスはTODO、DOING、DONEの3種類が存在する
- タスクを個別に削除できる
- DONEステータスのタスクを一括で削除できる

　今回データベースは使用しないので、本来はブラウザをリロードすると追加したタスクがすべて消えてしまいます。しかしそれではTODOアプリとしては使い物にならないので、localStorageに状態を保存するようにします。

　また、GUIアプリなのでHTMLとCSSの実装も必要になりますが、これらは本書の主題から外れるのでコピー＆ペーストで済ませることにしましょう。

SECTION-016

環境構築

これからTODOアプリを作るための環境を構築していきますが、ブラウザで動くアプリはNode.jsアプリと比べてより複雑な環境構築プロセスが必要になります。

ここでは、環境構築プロセスが複雑になってしまう歴史的経緯の説明から始めて、その後、さまざまなツールを使って実際に環境を構築していきます。最近ではこの環境構築プロセスを隠蔽してくれる便利なツールが多く出てきており、それらのツールを使って環境構築を済ませてしまう機会も増えてきました。

しかし、そのようなツールが裏側でどのような処理をしているのかを知っているかどうかで、エラーが発生した際の対応力やビルドプロセスで特殊な処理をする必要が出てきた際の応用力が変わってきます。

そのため、はじめから手を動かすというよりは知識のインプットが多くなっており、実際のアプリケーションコードを書くのは163ページからになります。

勢いに乗ってどんどんコードを書いていきたいところですが、ここで一度立ち止まって、これから学ぼうとしているものがどのような技術的背景を持っているのかをしっかりと理解した上で環境構築を進めていきましょう。

▌ モジュール

本章で作るアプリとCHAPTER 03で作ったアプリの違いとして、ブラウザで動くという点の他に、規模の違いがあります。

シンプルなゲームであれば、1つのファイル内に処理を書き並べていく形でも管理しきれますが、規模が大きくなってくると1つのファイル内にすべての処理を書いていくと行数が膨大になり、見通しの悪いソースコードになってしまいます。

そのため、ある程度の規模のコードを書く場合は処理を特定のまとまりで分けて複数のファイルで管理すると、コード全体の見通しが良くなります。

このように、個別のファイルで管理された処理のまとまりを**モジュール**と呼びます。

今回、作成するアプリもある程度、大きな規模になるため、複数のモジュールに分けて実装を進めていきます。しかし、このモジュールをブラウザで機能させるためには、いくつかの工夫が必要になります。

ここでは、モジュールがTypeScriptやブラウザの世界でどのように扱われるのかを解説していきます。

▶ TypeScriptのモジュール機能のスコープ

TypeScriptでは宣言した変数の型情報はグローバルの名前空間に登録されます。グローバルなので、ファイルをまたいだ場合も型を参照できます。

例を見てみましょう。次のような構成でファイルが用意されている状態を想定します。

```
.
├── getHobby.ts
├── index.ts
├── package.json
└── tsconfig.json
```

getHobby.ts と index.ts の内容は次のように記述されています。

SAMPLE CODE getHobby.ts

```
const getHobby = () => 'game'
```

SAMPLE CODE index.ts

```
const hobby = getHobby() // const hobby: string
```

別ファイルで宣言された **getHobby** の返り値の型を **index.ts** から参照できていることがわかります。

もちろんこれは型情報を参照できるだけで変数自体を参照できるわけではないので **index.ts** を **tsc** でビルドすると、**ReferenceError: getHobby is not defined** というエラーが発生します。

また、グローバルの名前空間で変数を宣言するということは、他のファイルで宣言された別の変数と名前が競合する可能性もあるので避けるべきです。

▶ **ファイルモジュール**

そこで、グローバルに変数を宣言せずにどのように別ファイルからそれを参照するかというと、**ファイルモジュール**と呼ばれる機能を使用します。

まずはコード例を見てみましょう。

SAMPLE CODE getHobby.ts

```
export const getHobby = () => 'game'
```

SAMPLE CODE index.ts

```
import { getHobby } from './getHobby'
const hobby = getHobby()
console.log(hobby)  // 'game'
```

getHobby.ts に **export** が、index.ts に **import** が追加されています。

ファイル内に **export** か **import** という構文が存在する場合、そのファイル内で宣言された変数や関数はローカルスコープ内に閉じられるようになります。そのため、**index.ts** 側で **import** 文を削除した場合、**getHobby.ts** 側で宣言された **getHobby** はもはやグローバルな名前空間に存在しないため、以前のような型の参照もできなくなります。

export に渡された変数は **import** で参照できるようになるため、この例では **index.ts** に **tsc** を実行することでコンパイルされ、Node.jsで実行できるJavaScriptファイルが生成できます。

また、次の例のように export はファイル内で複数宣言できます。そして1つのファイルから複数 export された変数は、別のファイルから1つの import 文で呼び出すことができます。

SAMPLE CODE getHobby.ts

```
export const getFavoriteHobby = () => 'game'
export const getHobby = () => 'music'
```

SAMPLE CODE index.ts

```
import { getFavoriteHobby, getHobby } from './getHobby'
```

さらに export の代わりに、export default という構文を使うこともできます。export default はファイル内で1度しか宣言できませんが、その代わりに次のように import 時に変数名を自由に変更できます。

SAMPLE CODE getHobby.ts

```
const getFavoriteHobby = () => 'game'
export default getFavoriteHobby
```

SAMPLE CODE index.ts

```
import getHobby from './getHobby'
```

COLUMN export defaultは使うべきではない？

この export default という構文ですが、ここ最近では避けるべき構文であるといわれており、代わりに export を使うことが推奨されています。その理由はいくつかあります。

▶import側で自由に命名できてしまう

export default に渡された変数や関数は、import 時に名前を自由に変更できるということを説明しましたが、一見すると便利なこの機能は、コードを長く運用していく目線で見てみると便利とは言い難い点があります。

たとえば、次のように getFavoriteHobby という関数がある場合を想定してみます。

SAMPLE CODE getFavoriteHobby.ts

```
const getFavoriteHobby = () => 'game'
export default getFavoriteHobby
```

この関数を、index.ts から import しています。このとき、export default の機能を利用して、関数名を getFavoriteHobby から getHobby に変更しています。

SAMPLE CODE index.ts

```
import getHobby from './getFavoriteHobby'
console.log(getHobby()) // 'game'
```

この関数は別のファイルでは getFavoriteHobby という名前で import されているかもしれないし、また、別のファイルでは getGame という名前で import されているかもしれません。

この状況で、getFavoriteHobby 関数の実装が変わり、名前も実装に合わせて変更することになったとします。その場合、呼び出し側でも実装に沿った名前に変更するべきですが、さまざまな名前で import されているこの関数をすべて見つけて名前を変更するのは骨の折れる作業です。

getFavoriteHobby が export default ではなく、export に渡されていた場合、使用する側で名前の変更をするには as という特殊な構文を使うしかなく、基本的には名前は変更されることなく使用されます。

そのため、もとの関数の名前が変わったとしても一括置換で対応できるので、運用の目線で見ると export を使った方がよいといわれています。

▶エディタとの親和性が良くない

VS Codeのようなエディタでは、別のファイルで宣言された変数を呼び出す場合、その変数名を記述すれば import 文を自動で追記してくれる機能があります。

この機能は、export によって変数名が一意に定まることによって実現されるので、import 時に変数名が変更できてしまう export default では実現できません。

また、先ほど挙げた例のようにもとの変数名を変更したい場合、エディタのリファクタリング機能によって、import されている箇所の変数名も自動で変更することができます。

これも export default によって import 側で別の命名がされている場合は変更できなくなってしまうので、この点も export の優位性といえます。

以上のような理由で export default は避けるべき構文と筆者は考えており、本書でも export のみ使用することとしています。

▶JavaScriptのモジュール

JavaScriptにもTypeScriptと同じようにモジュールを実現するための機能があります。しかし、ECMAScriptではじめてモジュール機能が提供されたのがES2015のバージョンであり、それ以前には公式のAPIとしては存在しませんでした。そのため、2015年以前に、JavaScriptでモジュールを実現するためのさまざまなシステムが生まれました。

その歴史を少しさかのぼってみることで、TypeScriptにおけるモジュールシステムが現在のような形になった背景がわかり、より理解が深まるでしょう。

●CommonJS

CommonJSとは、サーバーサイド（Node.jsなど）のようなWebブラウザ環境外のJavaScriptの仕様を定めるためのプロジェクト、またはその仕様自体のことを呼びます。

このCommonJSの中でモジュールの仕様が定められており、Node.jsではその仕様に則って、モジュールシステムが実装されています（正確にはNode.jsでの実装が先で、またその実装も完璧にCommonJSの仕様に沿っているわけではありません）。

次のコードは、CommonJSにおけるモジュールシステムのサンプルコードです。

SAMPLE CODE sum.js

```
module.exports = function(a, b) {
  return a + b
}
```

SAMPLE CODE index.js

```
const sum = require('./sum')
console.log(sum(1, 2)) // 3
```

このNode.jsでのモジュールシステムをブラウザでも使えるようにするためのツールとして、Browserifyというライブラリが現れました。BrowserifyにCommonJS形式のモジュールが記述されたJavaScriptファイルを渡すと、それらの依存を解決して1つにまとめたファイルを出力してくれます。一時期はこのBrowserifyをビルドプロセスに組み込む環境が流行しました。

● Asynchronous module definition

ブラウザ環境外でモジュールの仕様が定められていた傍らで、ブラウザ上でもモジュールを実現するための仕組みが作られていました。その1つが、**Asynchronous module definition**（以下、AMD）と呼ばれる、モジュールを非同期でロードするための仕様です。

サンプルコードは次のようになります。

SAMPLE CODE sum.js

```
define(function() {
  return function sum(a, b) {
    return a + b
  }
})
```

SAMPLE CODE index.js

```
define(['sum'], function(sum) {
  console.log(sum(1, 2)) // 3
})
```

このAMDのモジュールシステムをブラウザで使えるようにするためのツールが**RequireJS**です。RequireJSはBrowserifyとは違って事前にビルドをして依存解決をするわけではなく、ランタイム上で非同期で依存解決を行います。

このようにJavaScriptのモジュールは、Node.jsではCommonJS、ブラウザではRequireJSやBrowserify、といった形で複数のモジュールシステムが使われるという、開発者にとっては大変な時代がありました。

● ECMAScript Modules

その後、2015年にECMAScriptの正式なモジュールシステムの仕様が定まりました。それ以降、乱立していたモジュールの記述方法が少しずつECMAScript Modules（以下、ESModules）に統一されていきました。

ESModulesのサンプルコードは次の通りです。

SAMPLE CODE sum.js

```
export function sum(a, b) {
  return a + b
}
```

SAMPLE CODE index.js

```
import { sum } from './sum.js'
console.log(sum(1, 2)) // 3
```

構文がTypeScriptのものと同じであることに気付いたでしょうか。これはTypeScriptがESModulesの仕様に則って `import` / `export` を実装していることによります。

ただ、ブラウザでこの構文を実行するにはただ単純に `index.js` をHTMLから `<script>` タグで呼べばよいわけではなく、HTML側で次のような記述が必要になります。

SAMPLE CODE index.html

```
<script type="module" src="index.js"></script>
```

このように、`<script>` タグに `type="module"` と記述してブラウザにそのJavaScriptがESModules形式で書かれていることを伝えることで、`import` / `export` の挙動が実現されます。

▶ ESModulesのブラウザサポート

晴れてECMAScriptに正式なモジュールの仕様が定められましたが、これでブラウザ上で簡単にモジュールの機能を使えるようになったのかというと、そうではありません。なぜなら正式な仕様が定められたとしても、それがブラウザで実装されない限り開発者はその構文を使用できないからです。

ブラウザには、ChromeやFirefox、Microsoft Edgeなど、数多くの種類があり、ユーザーが使用しているブラウザはさまざまです。そして執筆時点（2021年）では、いまだに一定のシェアを持つInternet ExplorerにおいてESModulesは実装されていません。

そのため、さまざまなユーザーが触れることを想定したアプリではESModulesをそのまま使用して実装するという例はあまり多くはありません。

とはいえ、それが理由でESModulesがまだまったく使われていないということではありません。webpackというモジュールバンドラーを使用すると、CommonJSのモジュールやESModulesなど、すべての形式のモジュールをブラウザで動く形に変換できます。つまり今では多くの開発者の間でwebpackを通してESModulesが使用されています。

次項ではそのwebpackの使用方法の解説から始め、実際に本章で作るアプリのための環境構築を進めていきます。

| COLUMN | Node.jsでのESModulesのサポート |

Node.jsのモジュールの形式としては、長い間、CommonJSのみがサポートされている状態でした。しかし、Node.jsでもブラウザのJavaScriptとシンタックスを合わせていくために、紆余曲折を経て今ではESModules形式がサポートされています。

ただ、これまでコミュニティで長く使われ続けてきたCommonJSからESModulesへの移行は簡単なものではなく、非常に多くのライブラリがいまだCommonJSのまま残っています。

そのような状況のため、Node.jsでは新しく実装されるコードだとしても、引き続きCommonJSが広く使用されています。

▉ webpackによるモジュールの依存関係の解決

webpackは148ページで解説したBrowserifyと同じ、モジュールバンドラーと呼ばれるツールです。モジュールバンドラーの機能を一言で説明すると、「複数のモジュールの依存関係を解決して1つのファイルとしてまとめる」というものです。

モジュールバンドラーのない時代、ある程度、規模の大きいアプリ開発においては、複数のJavaScriptファイルで変数をグローバルで宣言し、それらのすべてのファイルをHTMLの`<script>`タグで呼び出すということをしていました。

しかし、ブラウザとサーバー間の通信プロトコルであるHTTP/1.1では、一度に処理できるリクエストの数に制限があるため、できるだけJavaScriptファイルのリクエストを減らしたいという需要がありました。

そこで、開発時はアプリケーションコードを複数のモジュールに分けて開発効率を上げつつ、実行時はモジュールバンドラーによって1つのファイルにまとめてリクエスト数を減らすという手法が生まれました。

ESModulesの登場によってブラウザがネイティブでモジュールに対応する道筋が立ちましたが、すべてのブラウザがESModulesに対応しているわけではない以上、いまだにモジュールバンドラーの必要性が失われることはなく、今もなおビルドプロセスにおいて必須のツールとなっています。

また、ESModulesの問題点として、`import`がネストしてモジュールの依存関係が深くなった場合にラウンドトリップタイムが長くなってしまうため、プロダクション環境でネイティブで使うにはリスクが高いという問題があります。

▶ webpackでできること

webpackの機能は単に依存関係を解決するだけではありません。たとえばloaderという機能を使って、TypeScriptで書かれたファイルをJavaScriptに変換した上で依存を解決してくれたり、画像やCSSを直接、JavaScriptから呼び出してそれをJavaScript上で使用できるようにしたりなど、既存のJavaScriptの仕様では実現できない機能を追加できます。

また、依存関係を解決してファイルをまとめるときに、コードの最適化をしてファイルサイズを削減したり、環境変数を埋め込んでランタイム上で使用できるようにしたりなど、痒い所に手が届く便利な機能を提供してくれます。

▶ webpackを使った開発環境の構築

それでは早速、今回作るアプリの開発環境をwebpackを使って用意していきましょう。ターミナルを開き、任意のディレクトリで下記のコマンドを実行します。

```
$ mkdir browser-app
$ cd browser-app
$ npm init -y
```

これで、**browser-app** ディレクトリに **package.json** が追加された状態になりました。

ここで、webpack をインストールする前に動作確認をするためのサンプルとなるHTMLとTypeScriptのファイルを用意しましょう。次のように3つのファイルを作成してください。

SAMPLE CODE index.html

```
<!DOCTYPE html>
<html>
<body>
<script src="/dist/index.js"></script>
</body>
</html>
```

SAMPLE CODE ts/sum.ts

```
export const sum = (a: number, b: number) => a + b
```

SAMPLE CODE ts/index.ts

```
import { sum } from './sum'

console.log(sum(1, 2))
```

動作確認が目的なため、必要最低限のコードを用意しています。

それではwebpackをプロジェクトにインストールして、このTypeScriptのファイルをHTMLから呼び出せるようにしていきましょう。下記のコマンドを実行してください。

```
$ npm install --save-dev webpack@5.50.0 webpack-cli@4.7.2 typescript@4.3.5 \
   ts-loader@9.2.5 serve@12.0.0
```

ここでは、5つのパッケージをプロジェクトにインストールしています。

パッケージ	説明
webpack	webpack本体
webpack-cli	webpackをcliから実行するためのパッケージ
typescript	TypeScriptを使用するのでインストールする
ts-loader	webpackでモジュールをバンドルするときに、TypeScriptで記述されたファイルを事前にJavaScriptに変換するために必要なパッケージ
serve	localhostでサーバーを立ててHTMLファイルにアクセスできるように用意しているもの。特に今回のアプリケーションで必須のものではないが、動作確認をしやすくするためにインストールしている

デフォルトではインストールしたパッケージは `package.json` の `dependencies` という項目に記録されますが、`--save-dev` というオプションを付けてインストールをすると、指定したパッケージを `dependencies` ではなく `devDependencies` としてインストールします。`dependencies` との違いとして、`devDependencies` は開発時のみ使うパッケージであるということを意味します。アプリケーションコード内からは呼ばれないパッケージをインストールする際は `--save-dev` を付けるようにしましょう。

また、CHAPTER 03と同じように、動作を確約するためにパッケージはすべてバージョンを固定してインストールしています。

この時点で、`node_modules` ディレクトリと、`package-lock.json` が自動生成されたことを確認してください。

次に、webpackの設定ファイルを用意しましょう。

SAMPLE CODE webpack.config.js

```javascript
const { resolve } = require('path')

module.exports = {
  mode: 'development',
  devtool: 'inline-source-map',
  entry: resolve(__dirname, 'ts/index.ts'),
  output: {
    filename: 'index.js',
    path: resolve(__dirname, 'dist'),
  },
  resolve: {
    extensions: ['.ts', '.js'],
  },
  module: {
    rules: [
      {
        test: /\.ts/,
        use: {
          loader: 'ts-loader',
        },
      },
    ],
  }
}
```

webpackのコマンド自体はNode.jsで実行されるため、モジュールの読み込みはCommon JS形式で行っています。そしてこのファイル内で `module.exports` に渡されているオブジェクトがwebpackの設定になります。

設定を1つひとつ簡単に解説していきます。詳しくは解説しないので、詳細を知りたい場合や、他の設定も見てみたい場合はwebpackの公式サイトで確認することをおすすめします。

● mode

どの環境向けにビルドするかを指定します。 `'production'` か `'development'` を渡すことで、それぞれの環境に応じた最適化が行われます。デフォルトは `'production'` です。

● devtool

ソースマップを生成する方法を指定します。ソースマップとはwebpackによって変換された後のコードともともとのコードを関連付けるファイルのことです。ソースマップがあることで、ブラウザが変換後のコードを読み込んでいたとしても、開発者はブラウザのデバッガーからもともとのコードの記述を参照できるようになります。

次のキャプチャのように、TypeScriptで書かれてJavaScriptに変換されたコードだったとしても、ソースマップがあればTypeScriptのまま参照できます。

●デバッガーからTypeScriptのファイルが参照できる

ビルドの速度と生成されるソースマップの詳細度はトレードオフの関係となっていて、環境に合わせて最適なソースマップの生成方法を選ぶ必要があります。

webpackの公式サイトに比較表があるので、一度見てみることをおすすめします。

URL https://webpack.js.org/configuration/devtool/

● entry

バンドルするファイルのエントリーポイントとなるファイルのパスを文字列で指定することで、そこから依存関係を解決していきます。文字列ではなくオブジェクトを渡すことで複数のファイルをエントリーポイントにできます。

● output

バンドルされたファイルを出力する場所やその出力方法を指定できます。

● resolve

モジュールの解決方法を指定します。さまざまな設定項目がありますが、今回は `extensions` のみ指定しています。拡張子を省略して `import` 文を記述した場合に、webpackは `extensions` に指定された拡張子で依存を解決します。

同じパスに異なる拡張子で同じファイル名のファイルが存在していた場合は、extensions に渡された配列の順序で依存を解決します。

TypeScriptのプロジェクトの場合でも、外部ライブラリを使用する場合はそこに `.js` 拡張子のファイルが存在することがあるので、`.js` の拡張子も指定しています。

● module

JavaScript以外の形式のファイルである、TypeScriptやCSS・画像などのファイルをモジュールとして扱うようにしたい場合、それぞれのloaderを設定してmodule.rulesで指定する必要があります。今回の場合はTypeScrip をモジュールとして解決する必要があるので、ts-loaderを指定しています。

今まではTypeScriptからJavaScriptへのコンパイルは `typescript` パッケージの `tsc` コマンドを使用すると説明していましたが、今回は `ts-loader` がその役割を担うことになります。

▶ その他の設定ファイルの用意

次に、TypeScriptのプロジェクト設定ファイル `tsconfig.json` を用意します。この時点ではとりあえず動作させることを目指すため、ミニマムな設定だけ記述しています。

SAMPLE CODE tsconfig.json

```
{
  "compilerOptions": {
    "sourceMap": true
  }
}
```

今回はデバッグをしやすくするためにwebpack側の設定ファイルでソースマップを出力するように設定していますが、ビルドの流れとしてはまずTypeScriptがJavaScriptに変換されてから依存が解決されます。

そのため、TypeScriptをJavaScriptに変換するときにもソースマップを出力しておき、それをwebpackが読めるようにする必要があります。上記の記述は、この流れを実現させるための設定となります。

`package.json` は次のように修正します。

SAMPLE CODE package.json

```
{
  // 省略
  "scripts": {
-   "test": "echo \"Error: no test specified\" && exit 1",
+   "build": "webpack",
+   "serve": "serve ./ -p 3000"
```

```
  },
  // 省略
}
```

準備が整ったので、webpackコマンドを実行してみましょう。ターミナルからnpm scripts の **build** コマンドを実行しましょう。

```
$ npm run build
```

dist/index.js というファイルが出力されます。

バンドルされたファイルのため、中身を見ても理解するのが難しいコードが並んでいます。ただよく見てみると、**ts/index.ts** で記述した **console.log** や **ts/sum.ts** で記述した **a + b** などが含まれていることがわかります。

このように、複数のモジュールとして分かれていたTypeScriptのコードがJavaScriptに変換された上で1つのファイルとしてまとめられているのがわかります。

最後にHTMLからこのファイルを呼び出すことができているのかを確認してみましょう。ターミナルからnpm scriptsの **serve** コマンドを実行しましょう。

```
$ npm run serve
```

サーバーが起動したらブラウザから **http://localhost:3000/** にアクセスしてみましょう。devtoolを開いてconsoleに **3** と表示されていることが確認できるかと思います。

これにて無事にwebpackを使用した開発環境の構築ができました。次項ではTypeScript の設定をより詳しく見ていくことにしましょう。

■ TypeScriptの設定の詳細

前ページでは、webpackを動かすことを目的としていたため、**tsconfig.json** の中身はソースマップを出力する指定をしただけでした。ここでは、実践的な設定ファイルを作成して項目の意味を1つずつ詳しく解説していきます。

ここで設定している項目は、設定が必須なものもありますが、TypeScriptのコードを書くときに設定しておけば便利になったり、チームで開発する際の秩序を保つためのものであったり、必須でないが本書で推奨したいものも含まれます。

まずはここで紹介する設定でコードを書いてみて、TypeScriptにより興味を持った場合は自分で調べて最適な設定を見つけてみてください。

では早速、**tsconfig.json** を次のように書き換えてください。

SAMPLE CODE tsconfig.json

```
{
  "compilerOptions": {
-   "sourceMap": true
+   "sourceMap": true,
+   "target": "ES2015",
```

```
+    "lib": ["DOM", "ESNext"],                                    ▼
+    "module": "ES2015",
+    "esModuleInterop": true,
+    "strict": true,
+    "forceConsistentCasingInFileNames": true,
+    "noFallthroughCasesInSwitch": true,
+    "noImplicitReturns": true,
+    "noUnusedLocals": true,
+    "noUnusedParameters": true
  }
}
```

1つひとつ解説していきます。

▶ compilerOptions

TypeScript Compilerでコンパイルをする際の出力方法の変更や記述ルールの設定をするための項目です。 `tsconfig` のトップレベルの項目は `compilerOptions` 以外にも `include` や `exclude` などがありますが、今回はwebpack側で担保できている部分なので省略しています。

▶ compilerOptions.target

出力されるファイルのECMAScriptのバージョンを設定できます。

Internet Explorerで問題なく動くJavaScriptを出力したい場合は `ES5` を指定する必要がありますが、モダンブラウザ向けであれば `ES2015` 以降の値を設定できます。

今回は `ES2015` を指定していますが、たとえば `ES2017` を指定すると `Async Functions` のシンタックスが変換されずに出力されるので、ビルドサイズの削減につながります。このように、より新しいバージョンで出力することによる利点もあります。

▶ compilerOptions.lib

TypeScriptでは、デフォルトでJavaScriptのAPIやブラウザのAPIの型定義ファイルが組み込まれています。さらにcompilerOptions.targetの値に応じて必要になる型定義も自動で組み込まれます。

ただ、たとえばサーバーサイド向けのJavaScriptでブラウザAPIの型定義が必要なくなる場合や、最新のECMAScriptの構文を使用したい場合など、デフォルトで提供される型定義を変更したいときがあります。そのようなときはcompilerOptions.libで組み込まれる型定義を変更できます。

よく勘違いされがちなのですが、たとえばcompilerOptions.libに `ES2020` を指定した場合、ES2020で利用可能になったAPIの型定義は提供されますが、あくまで型定義の提供のみでブラウザでの動作が保証されるわけではありません。ブラウザでまだサポートされていないAPIを使用する場合は、ランタイム環境やPolyfillなどでカバーする必要があります。

▶ compilerOptions.module

出力されるファイルのモジュールの方式を決定します。webpackを通す場合は基本的に **ES 2015** を指定しておけば問題ありません。また、モダンブラウザでESModulesのまま動かす場合も **ES2015** を指定することになります。CommonJS形式で出力したい場合は **commonjs** を指定します。

webpackを使用する際には、TypeScript Compilerで **ES2015** として出力されたファイルの依存関係をwebpackが解決してくれます。

▶ compilerOptions.esModuleInterop

デフォルトだと使用する外部ライブラリの export の方法によって、import の記述が `import lib from 'lib'` であったり、`import * as lib from 'lib'` であったりなど、その外部ライブラリに合わせる必要があります。

毎回使用するライブラリの export 方法を調べてそれに合わせて記述を変えるのは大変なので、import の記述は `import lib from 'lib'` で統一したいところです。そのような場合に compilerOptions.esModuleInterop を true にします。

true にした場合、export の方法によらず、すべての import に対して Namespace オブジェクトを生成することによって上記の記述を可能にしてくれます。

▶ compilerOptions.strict

デフォルトよりも厳しい型チェックを行うための項目です。この項目を true にした場合、次の全ての型チェックの項目を有効化したことと同義になります。

すべてではなくいくつか選んで有効化したい場合は、compilerOptions.strict は false のまま、1つひとつの項目を有効化することになります。

● alwaysStrict

`"use strict";` をすべてのファイルの先頭に付与します。この記述がある場合、ブラウザはscriptをstrictモードで実行します。strictモードでは、厳密にはエラーではないがバグが発生しうる落とし穴となる部分をエラーとして扱うようになるなど、通常の挙動とは異なる挙動を行うようになりますが、安全性の向上や処理の高速化につながります。

● strictBindCallApply

デフォルトでは call 、bind 、apply を使用して関数を呼び出した場合、その引数の型チェックは行われず、関数の返り値は any となりますが、strictBindCallApply を true にした場合、引数の型チェックを行い、関数の返り値の型も適切なものになります。

● strictFunctionTypes

関数のパラメータの型チェックをより厳しく行います。たとえば、string の引数を受け取る関数を宣言した場合、`(val: string | number) => void` の型定義が行われた変数にその関数を渡すとエラーとなります。

● strictNullChecks

この項目が `true` になると `null` と `undefined` はそれ自身に明示的な型が与えられます。詳しくは30ページで解説しているのでそちらを参照してください。

● strictPropertyInitialization

この項目が `true` になるとClassにおいてプロパティが宣言されているがコンストラクタ内でその値がセットされていない場合にエラーとして扱うようになります。

● noImplicitAny

暗黙的に型が `any` になる場合にエラーとして扱うようになります。たとえば、`function` で宣言された関数の引数の型を注釈していない場合、型エラーとなります。

● noImplicitThis

暗黙的にthisの型がanyとなる場合にエラーとして扱うようになります。たとえば、`class` のメソッドの中で関数定義をしていて、その中で `this` を参照していた場合は `this` の参照先が `class` ではなく関数になるので、型エラーとなります。

なお、これ以降の項目は、コンパイラの設定というよりはリンターのような役割をこなす項目になりますが、チームでTypeScriptのコードを記述する上で秩序を保つためにとても重要な項目となるため、設定することを推奨します。

▶ compilerOptions.forceConsistentCasingInFileNames

ファイル名の大文字と小文字を区別するかどうかの設定です。デフォルトは `false` となっていますが、その場合はコンパイルをする環境のファイルシステムに従うことになります。

その場合、たとえば実際のファイル名が `hoge.ts` なのに、`import hoge from './Hoge.ts` という記述でインポートされていると、Aさんの環境ではコンパイルが成功するがBさんの環境では失敗するということが起きる可能性があります。

このような状況を避けるため、今回は `true` にしています。

▶ compilerOptions.noFallthroughCasesInSwitch

`switch` 文が記述された場合に `case` 句内で `break` か `return` を記述することを強制します。`break` か `return` を書き忘れて意図せず次の `case` 句に処理が入ってしまうことを防げます。

▶ compilerOptions.noImplicitReturns

関数内のすべてのコードパスにおいて値を返却していることを強制します。意図せず `undefined` が返されていないかをチェックできます。

▶ compilerOptions.noUnusedLocals

利用されていないローカル変数がある場合にエラーとなります。

▶ compilerOptions.noUnusedParameters

利用されていない関数のパラメータがある場合にエラーとなります。

　今回使用するTypeScriptのプロジェクト設定の解説は以上となります。実際にはまだまだ設定項目はあり、開発する上でより便利になる項目も多いので、一度ご自身で調べてみることをおすすめします。

　ちなみに、JSONファイルの本来の仕様ではファイル内にコメントを記述することはできませんが、`tsconfig.json` の場合はTypeScript Compilerがファイルを参照する際に `//` で記述されたコメントを無視してくれるので、コメントを記述できる仕組みになっています。わかりにくい項目にはコメントでメモを書いておくとよいでしょう。

COLUMN　　ユニオン型とnull許容

　30～31ページで、`tsconfig.json` 上では基本的に `strictNullCheck: true` の設定を書いておきましょうという説明をしたのを覚えているでしょうか。これは、**strict NullCheck** の設定がクリティカルにTypeScriptのコンパイルチェックに関わってきてしまうからでした。

　具体的には、**strictNullCheck** が無指定もしくは **false** が指定されている場合、次のような記述が許容されてしまいます。

```
// strictNullCheck: false の場合
let personName: string = null // OK
personName = undefined // OK
// ランタイムでエラー (Uncaught ReferenceError: personName is not defined.)
personName.toUpperCase()
```

　personName 変数はstring型なので **null** や **undefined** を代入しようとした時点でコンパイルエラーが発生してほしいところなのに、このコードは問題なくコンパイルできてしまいます。この挙動を許容しないためにも、**strictNullCheck** は基本的には **true** を付けておきましょう、という話でした。

　ここで勘の良い方なら気づいたかもしれませんが、**strictNullCheck** を **false** にするということは、すべての型定義が **null** と **undefined** とのユニオン型になるというイメージに近いです。

　つまり、**strictNullCheck: false** のときは、**string** という型は実際には **string | null | undefined** という型のように扱われるということです。

　逆に、**strictNullCheck: true** のときに特定の型をnull許容にしたい場合は、**null** と **undefined** のユニオン型にしてあげればよいということになります。

```
/**
 * 両者は挙動としては近いイメージ
 */

// strictNullCheck: true の場合
const personName: string = null
```

▼

```
                                                                        ▼
// strictNullCheck: false の場合
const personName: string | null | undefined = null
```

ただし、実際には、次のように **strictNullCheck** が有効かどうかによってコンパイルが通るか通らないかが変わってくるので、両者が挙動として全く同じ状態であるということではありません。あくまでイメージとして捉えておきましょう。

```
/**
 * コンパイルの可否で差があるので等価ではない
 */

// strictNullCheck: false の場合
const personName: string = null
personName.toUpperCase() // コンパイルができてしまう。

// strictNullCheck: true の場合
const personName: string | null | undefined = null
personName.toUpperCase() // コンパイル時にエラー (Object is possibly 'null'.)
```

HTMLとCSSの用意

最後に、今回のアプリで使用するHTMLとCSSを用意しましょう。本章の最初に伝えた通り、HTMLとCSSの内容に関しては本書の主題ではないため、コピー&ペーストで済ませてしまいます。

次のURL から、**index.html** の中身をコピー&ペーストして、上書きしてください。

URL https://github.com/awesome-typescript-book/code-snapshot/
blob/main/04_browser-app/016/04_HTMLとCSSの用意/index.html

さらに次のURLから、**style.css** の中身をコピー&ペーストして、**css/style.css** というファイルを作成してください。

URL https://github.com/awesome-typescript-book/code-snapshot/
blob/main/04_browser-app/016/04_HTMLとCSSの用意/
css/style.csss

ここまでできたら、もう一度次のコマンドを実行してブラウザで表示を確認してみましょう。

```
$ npm run serve
```

次のような画面が表示されれば問題ありません。

●TODOアプリの見た目

カンバンボード

タスクを新規作成 [作成]

タイトル

_____

TODO	DOING	DONE	[DONE のタスクを一括削除]

▶ 開発用のコマンドの追加

ここまでで開発環境としては十分整っていますが、現状だとTypeScriptのコードを変更するたびに `npm run build` を実行する必要があるため、デバッグに少し手間がかかります。

TypeScriptのコードを監視して変更されるたびに自動で再ビルドが行われるようにしましょう。 `package.json` を次のように修正します。

SAMPLE CODE package.json

```
{
  // 省略
  "scripts": {
+   "dev": "webpack -w",
    "build": "webpack",
    "serve": "serve ./ -p 3000"
  },
  // 省略
}
```

`webpack` コマンドは `-w` のオプションを付けることで、バンドル対象のファイルを監視して、変更が加えられた場合に自動で再ビルドを行ってくれます。

ではターミナルのプロセスを2つ立ち上げて、それぞれで次のようにコマンドを実行しましょう。

```
$ npm run dev
```

```
$ npm run serve
```

　サーバーが起動したらブラウザから `http://localhost:3000/` にアクセスしてみましょう。画面が表示されたらdevtoolを表示してconsoleを開いてください。現状ではconsoleに 3 と表示されているはずです。

　この状態で `ts/index.ts` を次の内容で上書きしてください。

SAMPLE CODE ts/index.ts

```
console.log('hello world')
```

　webpackの再起動なしで、ブラウザのリロードを行うだけでconsoleの表示が変更されることが確認できましたでしょうか。これでTypeScriptのコードに変更を加えたときにすぐにブラウザで動作を確認できるようになりました。最後に、必要がなくなった `ts/sum.ts` を削除してください。

　以上で、開発環境の構築は終了となります。次節からはいよいよアプリケーションコードを書いていきましょう。

汎用的な処理を書いてみよう

ここまででブラウザで動くアプリを作るための環境構築ができたので、ここからは実際にアプリのコードを書いていきます。

工程としては、最初からTODOアプリのロジックを書いていくのではなく、まずはアプリの種類に関係なくブラウザで動くアプリで汎用的に使えそうな処理から用意していくことにします。

||| 本節で作成する処理

ここでは次のような処理を作っていきます。

▶「Application」クラス

いわゆるコントローラーと呼ばれるような、アプリの起点となるクラスを作ります。このクラスが今回作るアプリのエントリーポイントとなります。

その後、モデルとなる処理やビューを表示する処理を追加していくことになりますが、それらはすべてこの Application クラスから呼び出されるようにします。

▶「EventListener」クラス

Webフロントエンドでは多くのイベントを扱うことになります。たとえば、ユーザーのキーボード入力やマウス操作のイベントや、画像などのアセットが読まれた際のイベント、HTTPリクエストを扱う際のイベント、また開発者が作成するカスタムイベントなどもあります。このように多くのイベントを扱うので、Webフロントエンドではイベント駆動のコードを書くことになります。

今回は EventListener クラスを作って、イベントに対するハンドラの登録や削除を汎用的に書けるようにします。

TypeScriptにおいては、このような汎用的な処理を書く場合もインターフェースを型で縛ることができるので、想定外の用途の濫用を防いで安全性を保ちつつ、処理をモジュールとして切り出しやすいといえます。

||| 「Application」クラス

ソフトウェアアーキテクチャの1つとして、**Model-View-Controller(MVC)**というものがあります。データの処理の部分を扱う Model、表示を扱うView、入力の伝達を行うControllerの3要素にコードを分割する設計手法ですが、今回作るアプリではこの設計手法に則って進めていくこととします。

TODOアプリのコントローラーとなるクラスは1つだけにして、今回はそのクラスをアプリのエントリーポイントとします。

では早速コードを書いていきましょう。

▶「Application」クラスの用意

`ts/index.ts` を次の内容で上書きしてください。

SAMPLE CODE ts/index.ts

```
class Application {
  start() {
    console.log('hello world')
  }
}
```

`start` メソッドを持つ `Application` クラスを宣言しています。特にこれまでと違う新しい要素はありません。

今後、この `Application` クラスに処理を実装していくことになりますが、今はブラウザで動作確認ができるように、`console.log` だけ記述しています。

▶ windowがloadされたタイミングでのアプリの起動

今後コードを書いていく中で、HTMLの要素を取得してそこになんらかの処理をするような記述をしていくことになりますが、JavaScriptの実行時に、取得したいHTMLの要素がDOMとして存在しているかどうかは、現時点のコードでは保証されていません。

そこで、HTML要素の取得ができることを保証するために、すべてのDOMが用意された後に `Application` クラスを実行するようにします。

次のように変更を加えてください。

SAMPLE CODE ts/index.ts

```
class Application {
  start() {
    console.log('hello world')
  }
}
+
+ window.addEventListener('load', () => {
+   const app = new Application()
+   app.start()
+ })
```

`window` の `load` イベントのハンドラで `Application` クラスのインスタンスを作成し、そこで `start` メソッドを実行しています。`load` イベントは、ローディング工程がすべて終わった後に呼ばれるイベントで、それが呼ばれた時点で、HTML要素はすべてDOMとして取得でき、画像などのアセットのロードも完了していることが保証されます。

ブラウザをリロードしてconsoleを確認してみましょう。`hello world` と表示されているかと思います。

これで、Applicationクラスの用意は完了しました。

「EventListener」クラス／DOM APIの型定義

　JavaScriptでイベントにハンドラを登録するには、**addEventListener** というAPIを使用します。反対に、登録したハンドラを削除するには **removeEventListener** を使います。ただ、ハンドラの削除をするためには登録したときのイベント名、要素、ハンドラをコード内で保持しておかなければならないため、コードが複雑になりがちです。

　そこで、登録したハンドラを簡単に削除できるようにするために、登録と削除をまとめた **EventListener** クラスを作成します。このクラスでは、登録時に使ったIDだけを保持していれば、そのハンドラの削除ができるような作りを目指します。

▶ 型を調べてみる

　では **EventListener** クラスを作っていくにあたって、まずはこれから使用するDOM APIの型定義を調べてみましょう。

　最初にDOM APIの基本であるHTML要素の取得を見てみましょう。次のようにコードを変更してください。

SAMPLE CODE ts/index.ts

```
class Application {
  start() {
-   console.log('hello world')
+   const button = document.getElementById('deleteAllDoneTask')
+
+   if (!button) return
+
+   console.log(button)
  }
}
```

　HTMLのid属性をもとに要素を取得するAPIとして **getElementById** というAPIがあります。今回はHTMLから **deleteAllDoneTask** というidを持つ要素を取得しています。

　ここでVS Code上で **const button** の部分にマウスカーソルを乗せてみると、**button** の型が **HTMLElement | null** になっていることがわかります。**getElementById** は **HTMLElement** を返すメソッドですが、HTMLに取得したい要素が存在するのかどうかは実行時までわからないため、型として **null** が入る可能性を表現しています。

　このままだとこの **button** が **HTMLElement** か **null** なのかを確定することができないため、**if** 文で **button** の存在確認をして、存在しない場合は処理を中断することで、この **if** 文以降の処理では **button** の型定義を **HTMLElement** のみに絞り込むことができます。

　試しに **console.log(button)** の **button** にマウスカーソルを乗せてみてください。**button** の型が **HTMLElement** だけに絞り込まれていることがわかるかと思います。

▶ コードジャンプを使った型定義の深堀り

ではここで button に定義されている HTMLElement とは具体的にどのような型なのか
をさらに深堀って調べてみましょう。

VS Codeでは、コードにマウスカーソルを乗せてCmd（Ctrl）＋クリックをすることで、指定し
た変数やメソッドの型定義にジャンプできます。今回は getElementById の型定義にジャ
ンプしてみましょう。

getElementById という文字列にマウスカーソルを乗せてCmd（Ctrl）＋クリックをする
と lib.dom.d.ts というファイルにジャンプします。そして getElementById の型が次の
ようになっていることがわかります。

```
getElementById(elementId: string): HTMLElement | null;
```

先ほど述べた通り、getElementById はstringを引数に受け取って HTMLElement |
null を返す関数であることがわかりました。

ではさらにそこからCmd（Ctrl）＋クリックで HTMLElement の型定義にジャンプしてみま
しょう。

```
interface HTMLElement extends Element /* 省略 */ {
    accessKey: string;
    // 省略
    click(): void;
    addEventListener<K extends keyof HTMLElementEventMap>(/* 省略 */): void;
    addEventListener(/* 省略 */): void;
    removeEventListener<K extends keyof HTMLElementEventMap>(/* 省略 */): void;
    removeEventListener(/* 省略 */): void;
}
```

HTMLElement 型は、click や addEventListener といったプロパティを見ればわ
かる通り、DOM要素を表す型であると予想がつきます。

● addEventListener型の深堀り

HTMLElement 型には addEventListener と removeEventListener が2つず
つ記述されていますが、これはメソッドを呼び出すときの引数によって型が変わるパターンが存
在することを示しています。

さらにより深く addEventListener の型定義を調べていきましょう。シンプルな方の2つ
目の addEventListener の型定義を見てみます（可読性を高めるために改行を入れて
います）。

```
addEventListener(
  type: string,
  listener: EventListenerOrEventListenerObject,
  options?: boolean | AddEventListenerOptions
): void;
```

引数の1つ目の **type** はstringが指定されています。ここには **click** などのイベント名が渡されます。2つ目の **listener** は **EventListenerOrEventListenerObject** という型が指定されています。

3つ目の引数もありますが、オプショナルな引数であり、今回は **addEventListener** は第2引数までしか使用しないため、ここはいったん置いておきましょう。

ではさらにCmd（Ctrl）＋クリックで **EventListenerOrEventListenerObject** の型定義にジャンプしてみます。

```
declare type EventListenerOrEventListenerObject = EventListener | EventListenerObject;
```

EventListenerOrEventListenerObject は、**EventListener** と **EventListenerObject** のユニオン型だとわかります。

さらに **EventListener** にジャンプしてみます。

```
interface EventListener {
    (evt: Event): void;
}
```

interfaceで **EventListener** が宣言されています。**EventListener** 型は **Event** 型を引数で受け取ってvoid型を返す（値を返さない）関数の型であるということがわかりました。

さらに **Event** の型定義にジャンプすると、JavaScriptでもお馴染みの **target** や **preventDefault** を持つinterfaceが定義されています。

ここまで見てみると、**addEventListener** には第1引数に「イベント名」を、第2引数に「 **Event** を引数に持つ関数」を渡せることがわかります。

このようにコードジャンプを駆使して型定義を深くまで見ていくと、そのAPIがどのような用途を想定しているかが見えてきます。

次項では、ここで出てきた型情報を使って **EventListener** クラスを実装していきます。

┃┃┃ 「EventListener」クラス／「add」メソッド

それでは実際に、イベントハンドラの登録・削除をまとめて管理するための **EventListener** クラスを作成していきましょう。

ts/EventListener.ts を作成して次のようにコードを書いていきます。

SAMPLE CODE ts/EventListener.ts

```
type Listeners = {
  [id: string]: {
    event: string
    element: HTMLElement
    handler: (e: Event) => void
  }
}
```

167

```
export class EventListener {
  private readonly listeners: Listeners = {}

  add(listenerId: string, event: string, element: HTMLElement, handler: (e: Event) => void) {
    this.listeners[listenerId] = {
      event,
      element,
      handler,
    }

    element.addEventListener(event, handler)
  }
}
```

add メソッドを持つ *EventListener* クラスを作りました。 *add* メソッドは、引数として与えられたHTML要素に対して、任意のイベントを登録するためのメソッドです。

add メソッドの引数は、ハンドラを登録するためのID、イベント名、HTMLエレメント、ハンドラの4つです。

HTMLElement と *Event* という型は、先ほどコードジャンプで調べた型情報の中で出てきたものです。おさらいをすると、*HTMLElement* は *addEventListener* というメソッドを持っており、*addEventListener* は第1引数にイベント名である string、第2引数に **(evt: Event): void** という型の関数を受け取るメソッドでした。 **element.addEventListener(event, handler)** という実装の部分を見てみると、ここまで見てきた型定義に沿って実装されていることがわかります。

add メソッドの中身をさらに見ていきましょう。

listeners プロパティに *listenerId* をキーとしてオブジェクトを追加しています。*listeners* プロパティの型として *Listeners* を先に宣言していて、その型に沿って値を入れています。

さらに *element* の *addEventListener* を呼び出して *event* と *handler* を渡すことで要素にイベントハンドラが登録されます。

では、この *EventListener* クラスを使って実際にイベントを登録して呼び出してみましょう。

SAMPLE CODE ts/index.ts

```
+ import { EventListener } from './EventListener'
+
class Application {
  start() {
+   const eventListener = new EventListener()
    const button = document.getElementById('deleteAllDoneTask')

    if (!button) return

-   console.log(button)
```

```
+   eventListener.add(
+     'sample',
+     'click',
+     button,
+     () => alert('clicked'),
+   )
  }
}
```

　ブラウザをリロードして「DONE のタスクを一括削除」のボタンをクリックしてみましょう。alert ダイアログが表示されます。

　無事にHTML要素のイベントに対してハンドラを登録できていることが確認できました。これで add メソッドの実装は完了です。

■「EventListener」クラス／「remove」メソッド

　SPAのようなインタラクティブなアプリケーションでは要素が動的に現れたり消えたりします。

　イベントを登録した要素が削除された場合、要素はなくなっているのにイベントハンドラ自体は削除されず残っているという状態になってしまいます。この状態は意図せずバグの原因になるだけでなく、無駄にメモリを使うことにもなってしまうので、登録したイベントを削除する必要があります。

　今回作るアプリでも、イベントを登録した要素が動的に削除されるインタラクションがあるので、イベントの削除処理を実装していきましょう。

　EventListener クラスに remove メソッドを追加します。

SAMPLE CODE ts/EventListener.ts

```
export class EventListener {
  // 省略

+ remove(listenerId: string) {
+   const listener = this.listeners[listenerId]
+
+   if (!listener) return
+
+   listener.element.removeEventListener(listener.event, listener.handler)
+
+   delete this.listeners[listenerId]
+ }
}
```

　remove メソッドは add メソッドの第1引数で渡していた listenerId と同じものを引数で渡します。渡された listenerId をキーとして this.listeners に保存されていたオブジェクトを見つけます。もしオブジェクトが見つかった場合は element に対して removeEventListener を行い、イベントハンドラを削除します。

そして最後に、見つけたオブジェクトを delete で削除することで、this.listeners からも削除しています。

では remove メソッドを呼び出して実際に登録したイベントが削除されるのかを確認してみましょう。

SAMPLE CODE ts/index.ts

```
start() {
  // 省略

  eventListener.add(
    'sample',
    'click',
    button,
    () => alert('clicked'),
  )
+
+ eventListener.remove('sample')
}
```

add メソッドに渡した文字列と同じ文字列を remove メソッドに渡しています。

この状態でブラウザをリロードして、再び「DONE のタスクを一括削除」をクリックしてください。add メソッドを呼び出した直後に remove メソッドを呼ぶことでイベントハンドラを削除しているので、今回はalertダイアログは表示されなくなりました。

以上で EventListener クラスの基本的な実装は完了です。次節ではここまでで作った汎用的なクラスを利用してTODOアプリのロジックを実装していきます。

基礎的な機能を実装してみよう

本節ではTODOアプリとして最低限必要な基本機能を実装していきます。

TODOアプリにおける基本機能とはどのようなものがあるのか考えてみましょう。まず、タスクを作成できることはもちろん必須の機能といえるでしょう。では作成したタスクに対してどのようなアクションを起こせるとよいでしょうか。

たとえば、ステータスの変更機能があります。未着手の状態を表す「TODO」、タスクに着手した場合の「DOING」、タスクが完了した場合の「DONE」というように、ステータスの変更ができなければタスクの管理ができないので、ステータスの変更機能は必須の機能といえそうです。

他にも、タスクの削除機能があります。間違えてタスクを作成してしまった場合にそのタスクを削除できなければTODOリストのノイズになってしまいます。最低限の基本機能として、タスクが削除できることは必要といえそうです。

他にもTODOアプリとしてできるとよさそうな機能は思い付きそうですが、ここまで説明した機能以上のものは「あればよりうれしい」レベルのものなので、本節では次の機能に絞って実装していきます。

- タスクを作成できること
- 作成されたタスクを削除できること
- 作成されたタスクのステータスを更新できること
  - TODO、DOING、DONE

それでは早速、コードを書いていきましょう。

▌タスクの作成

タスクの作成処理のコードを書き始める前に、タスクを作成するためのコードの設計や処理の流れについて説明をして、これから書くコードの流れを理解した上で進めるようにしましょう。

前提として、HTML・CSSはすでに用意しているので、ここでは基本的にTypeScriptの処理だけに集中すればよいのですが、作成されたタスクを画面に表示するために動的に追加されるHTML要素だけは、用意しているHTMLの中には含まれていないのでTypeScriptで生成する必要があります。

▶ 作成するクラス

タスクの作成処理を作るにあたって、どのようなクラスが必要になるのか考えてみましょう。

● 「Task」クラス

タスクはTODOアプリの中心的なドメインなので、そのタスクを扱うTaskクラスもまたプログラム内の中心的なクラスとなります。

Taskクラスに必要なプロパティとしては、タスクの名前、タスクの現在のステータスがあります。また、タスクを一意に識別できるように、idも必須のプロパティになります。

図にすると次のようになります。

● 「Task」クラス

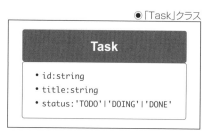

● 「TaskCollection」クラス

Task クラスとは別にタスクの集合をリストとして扱うためのクラスがあるとTODOリストを扱う上で便利になりそうです。

TaskCollection はプロパティとして tasks を持ち、そこに Task インスタンスの配列を保持します。また、タスクを作成した場合は tasks に新たに作成した Task インスタンスを追加する必要があるので、add メソッドを持たせます。

Task クラスとの関係性もあわせて図にすると次のようになります。

● 「TaskCollection」クラス

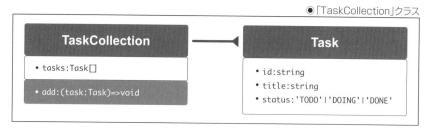

● 「TaskRenderer」クラス

TaskCollection の中身は常にHTMLの表示と一致している必要があります。

そのために TaskCollection にタスクが追加される度にその内容をHTMLに描画します。HTMLにタスクを描画するには、TypeScript上でHTML要素を作成して、それをDOMに追加する必要があります。作成以外にも、今後、削除や更新の機能を実装していくことになりますが、それらが行われたときにもHTMLにそれを反映させなければなりません。

そのような処理がコード中のいろいろな場所に点在しているとコードの見通しが悪くなってしまうので、タスクの状態をHTMLに反映させることだけを行うクラスを用意しましょう。

それが TaskRenderer クラスの役割です。HTML要素を扱う処理は複雑になりがちで、泥臭いコードになってしまうことがよくあります。そのような泥臭さを TaskRenderer クラスに閉じ込めることで、プログラム全体が複雑化することを防ぎます。

▶ 処理の流れ

ユーザーが入力フォームに文字を入力してからタスクが作成されて画面に表示されるまでの処理の流れを考えてみましょう。

1 ユーザーが入力フォームにタスクの名前を入力して作成ボタンをクリックする

2 入力フォームの「submit」イベントが発火して、入力された名前を持つ「Task」インスタンスが作成される

3 作成された「Task」インスタンスが「TaskCollection」に追加される

4 「TaskCollection」の内容を見て「TaskRenderer」がHTMLを変更して作成されたタスクが画面に描画される

以上の流れをコードに反映させていきます。

「Task」クラスの作成

Task クラスの作成と、そのインスタンスをユーザー操作によって生成するための実装をしていきましょう。

▶ 「submit」イベントの監視

まずはユーザーが入力フォームに文字を入力して作成ボタンをクリックしたときに、そのイベントを拾って入力内容を取得できるようにしましょう。

入力フォームのHTMLは次のようになっています(スタイルを付与するための **class** 属性は省略しています)。

```
<form id="createForm">
  <div>
    <h2>タスクを新規作成</h2>
    <button>作成</button>
  </div>

  <label for="title">タイトル</label>
  <input id="title" name="title" />
</form>
```

form 要素によって作られている入力フォームは、内部の **button** 要素をクリックすると **form** 要素の **submit** イベントが発火します。今回はその **submit** イベントを取得します。

ts/index.ts を次のように変更してください。

SAMPLE CODE ts/index.ts

```
class Application {
+ private readonly eventListener = new EventListener()
+
  start() {
-   const eventListener = new EventListener()
-   const button = document.getElementById('deleteAllDoneTask')
```

```
-
-     if (!button) return
-
-     eventListener.add(
-       'sample',
-       'click',
-       button,
-       () => alert('clicked'),
-     )
-
-     eventListener.remove('sample')
+     const createForm = document.getElementById('createForm') as HTMLElement
+
+     this.eventListener.add('submit-handler', 'submit', createForm, this.handleSubmit)
+ }
+
+ private handleSubmit = (e: Event) => {
+     e.preventDefault()
+     console.log('submitted')
+ }
}
```

　start メソッド内で宣言していた eventListener 変数は、今後の拡張を考慮して Appli cation クラスのプロパティに変更しています。

　また、createForm 変数を定義する際、as を使用して型アサーションを行っています。本来、getElementById が返す型は HTMLElement | null ですが、今回はHTML側で createForm というidを持つ要素が存在することは自明であり、TypeScriptの実装のしやすさも考慮してnull避けの必要がない HTMLElement として定義しています。

　この状態で「作成」ボタンをクリックすると、formの submit イベントが発火して、登録したイベントハンドラが呼ばれてconsoleに 'submitted' という文字列が表示されます。

　可読性を考慮してイベントハンドラは直接渡すのではなく、Application クラスのメソッドとして定義した関数を渡していますが、分割した場合は handleSubmit の第1引数の e には明示的に型アノテーションを付与する必要があります。関数を分割せずに直接、event Listener.add の第4引数に関数を記述した場合は e の型が自動で推論され、型注釈が必要なくなるので、これは分割した場合とのトレードオフになります。

```
/* ハンドラを直接渡した場合 */
class Application {
  start() {
    // e の型は推論されるので型アノテーションは不要
    this.eventListener.add('submit-handler', 'submit', createForm, (e) => {
      // 省略
    })
  }
```

```
  }

  /* ハンドラをメソッドとして分割した場合 */
  class Application {
    start() {
      this.eventListener.add('submit-handler', 'submit', createForm, this.handleSubmit)
    }
    // Event の型アノテーションが必要になる
    private handleSubmit = (e: Event) => {
      // 省略
    }
  }
```

　関数を分割した場合でも、明示的に注釈した型が `eventListener.add` の第4引数の型と一致しない場合はどちらにせよ型エラーは発生してくれるので、安全性での差はありません。

　今回の場合は、これから `handleSubmit` に処理を追加していくことで記述が長くなることが予定されているため、事前に分割しました。

▶「Task」クラスの作成

　TODOアプリの中心的なドメインであるタスクを表現する Task クラスを実装して、`ts/index.ts` から呼び出せるようにしましょう。次の内容でファイルを作成してください。

SAMPLE CODE ts/Task.ts

```
export class Task {
  title

  constructor(properties: { title: string }) {
    this.title = properties.title
  }
}
```

　Task クラスの説明で書いたように、このクラスに必要なプロパティは `id` と `title` と `status` の3種類ですが、細かい実装は無視してとりあえず Task インスタンスを生成できる状態にしたいため、`title` プロパティの定義のみ行っています。

　`title` にはインスタンス化する際に引数に渡される `title` が入ります。

▶「Task」のインスタンスの生成

　作成した Task クラスを使って、入力された値をもとに Task インスタンスを作成できることを確認してみましょう。

SAMPLE CODE ts/index.ts

```
  import { EventListener } from './EventListener'
+ import { Task } from './Task'
```

```
class Application {
  // 省略
  private handleSubmit = (e: Event) => {
    e.preventDefault()
-   console.log('submitted')
+
+   const titleInput = document.getElementById('title') as HTMLInputElement
+
+   if (!titleInput.value) return
+
+   const task = new Task({ title: titleInput.value })
+   console.log(task)
  }
}
// 省略
```

　document.getElementById でHTML要素を取得しています。ここで取得している要素は <input> タグの要素になりますが、as を使って型アサーションを行っています。

　<input> タグのDOMを取得すると、value というプロパティを持つインスタンスを取得できます。そして、ブラウザの入力フォームに現在入力されている値が value に入っています。しかし、document.getElementById で取得される値の型である HTMLElement には value というプロパティが存在しません。

　型定義としては value プロパティに触れることができないが実際の値としては存在している状況になってしまいます。そのようなときに、as による型アサーションを使って HTMLElement を継承している HTMLInputElement に型を変換することでこの問題を解決しています。

　document.getElementById では常に HTMLElement しか取得できないので、このように適宜、HTMLElement を継承した型に変換してあげる必要があります。

　その後、titleInput.value に値が存在しない場合は処理を抜けるようにすることで、入力フォームに1文字も値が入力されていないのにタスクが作成されてしまうのを防いでいます。

　そして最後に titleInput.value を title プロパティとして、Task をインスタンス化しています。

　ブラウザをリロードして、入力フォームに「ランニングをする」と入力して「作成」ボタンをクリックしてみましょう。consoleを開いて console.log の結果を確認し、次のような内容が出力されていれば成功です。

```
{
  title: "ランニングをする",
}
```

　次項では、この Task インスタンスに id が自動で振られるように変更していきましょう。

▮▮▮ 外部ライブラリの使用とDefinitelyTyped

先ほど Task クラスを作成しましたが。まだプロパティは title しか定義できていないため、ここで新たに id を定義できるようにコードを修正していきます。

id は Task インスタンスが生成されるたびに自動で採番されることになりますが、id にもさまざまな種類があります。今回のアプリではUUIDを使って採番しましょう。

UUIDは「Universally Unique Identifier」と呼ばれる128ビットの識別子であり、npmにはこのUUIDを生成するための**uuid**という名前のライブラリがあります。uuidを使用すると、100%ではないですが、被る可能性を考慮する必要はないレベルでほぼ一意な文字列を生成できます。

▶ uuidのインストール

では早速、このuuidというライブラリをインストールしましょう。 $ npm run dev を実行しているターミナルを一度止めて、次のコマンドを実行してください。

```
$ npm install uuid@8.3.2
```

インストールが完了したら、再度、$ npm run dev を実行して、引き続きコードを書いていきましょう。

SAMPLE CODE ts/Task.ts

```
+ import { v4 as uuid } from 'uuid'

export class Task {
+   readonly id
    title

    constructor(properties: { title: string }) {
+     this.id = uuid()
      this.title = properties.title
    }
}
```

uuidには複数のバージョンが存在しており、バージョンによってUUIDの生成方法が変わります。今回は、擬似乱数からUUIDを生成するv4のメソッドを使用します。

idはその性質として、作成されてから後で変更されることが考えられないため、**readonly**属性を付けています。

ここで $ npm run dev を実行しているターミナルを確認してみると、コンパイルに失敗していることに気付くと思います。エラーメッセージを見ると「Could not find a declaration file for module 'uuid'.」と表示されています。

一体これはどのようなエラーなのでしょうか。

● npmパッケージとTypeScript

ここで一度アプリの実装から離れて、TypeScriptでnpmパッケージを使用する際の仕組みについて解説します。

基本的に `npm install` コマンドでライブラリをインストールすると、TypeScriptからそのライブラリを使用できます。たとえそのライブラリがTypeScriptではなくJavaScriptで記述されていたとしてもTypeScriptからそれが使用できるのは、そのライブラリに型定義ファイルが含まれているからです。この型定義ファイルがあると、JavaScriptで記述されたライブラリでもTypeScriptから参照することが可能になります。

型定義ファイルとは、`.d.ts` という拡張子のファイルで、そのライブラリ内で定義されている変数や関数の型定義が記述されているファイルです。たとえば、query-stringというライブラリには `index.d.ts` というファイルが同梱されていて、その中に次のような型定義が記載されています。

```
export function parse(query: string, options: {parseBooleans: true, parseNumbers: true} &
ParseOptions): ParsedQuery<string | boolean | number>;
export function parse(query: string, options: {parseBooleans: true} & ParseOptions):
ParsedQuery<string | boolean>;
export function parse(query: string, options: {parseNumbers: true} & ParseOptions):
ParsedQuery<string | number>;
export function parse(query: string, options?: ParseOptions): ParsedQuery;

// 省略
```

TypeScriptではライブラリの実装とともにライブラリ内に含まれるこのような型定義ファイルも一緒に `import` することで、外部ライブラリを型情報付きで使用できるようになります。

ただし、中には `npm install` しただけではTypeScript上で型定義を参照できないライブラリも存在します。それは、ライブラリがTypeScriptではなくJavaScriptで記述されていて、かつライブラリ内に型定義ファイルが含まれていない場合です。今回のuuidもこのケースに含まれます。

このような場合にTypeScriptを使用している開発者はそのライブラリを使うことを諦めるしかないのかというと、そんなことはありません。多くの場合、「DefinitelyTyped」というリポジトリから型定義ファイルをインストールできるからです。DefinitelyTypedにはnpmに存在する多くのライブラリの型定義ファイルが設置されており、その型情報を自由に使うことができます。

今回のuuidもライブラリ自体に型定義はありませんが、DefinitelyTyped内にあるuuidの型定義を使用することで、型情報が存在するライブラリとして扱えるようになります。

DefinitelyTypedから型定義をインストールするには、`npm install @types/パッケージ名` の形でコマンドを実行します。

04
ブラウザで動くアプリケーションを作ってみよう

COLUMN 　**型定義があるかどうかの確認方法**

　使用したいライブラリがTypeScriptで書かれているか、TypeScriptでない場合はDefinitelyTypedに型定義が存在するか、などを確認したい場合、素直にそのライブラリのリポジトリやDefinitelyTypedのリポジトリを見に行くというやり方もありますが、実はもっと簡単な方法があります。

　それはnpmのサイトを見ることです。npmのサイトで使用したいライブラリのページを見ると、そのライブラリがTypeScriptで書かれているか、また、DefinitelyTypedに型定義が存在するかがひと目でわかるようになっています。

　次のキャプチャのように、TypeScriptで書かれているライブラリは、名前の横にTypeScriptのロゴが表示されます。

●TypeScriptで書かれているライブラリ

　そして、DefinitelyTypedに型定義が存在する場合も、名前の横にDefinitelyTypedのロゴが表示されます。

●DefinitelyTypedに型定義が存在する場合

このように、npmのサイトを見に行けばすぐに判断ができるのでぜひ活用してみてください。

● @types/uuidのインストール

　それでは早速、uuidの型定義をインストールしてみましょう。ターミナルで次のコマンドを実行してください。

```
$ npm install --save-dev @types/uuid@8.3.1
```

　この状態で再び $ npm run dev を実行してみましょう。今度はエラーが発生せずにコンパイルに成功したはずです。ブラウザをリロードして、入力フォームに「ランニングをする」と入力して「作成」ボタンをクリックしてみましょう。

　consoleを開いて console.log の結果を確認してみましょう。次のような内容が出力されていれば成功です。

```
{
  id: "34d632f2-0f44-4db6-bb38-f8dee20e9071", // id は作成の度に変わる
  title: "ランニングをする",
}
```

ここで何が起きたのかを確認するために、`node_modules` の中を覗いてみましょう。

`node_modules/@types` ディレクトリの中に `uuid` というディレクトリがあるはずですが、これこそが今npmからインストールしたuuidの型情報のパッケージです。そして `uuid` ディレクトリの中に `index.d.ts` というファイルがありますが、そこにuuidというパッケージを利用するにあたって必要となってくる型情報が定義されているのがわかります。

TypeScriptはアプリケーションコード上でuuidが `import` されたことを確認すると、この型情報ファイルを参照して型チェックを行っているというわけです。

DefinitelyTyped を使用するうえで注意しなければいけないことが1点あります。それは、ライブラリと `@types/ライブラリ名` のパッケージは、別の人が作成しているものなので、型情報が確実に正しいものであるという保証はできないということです。

たとえばライブラリのバージョンがアップデートした場合、`@types/ライブラリ名` のパッケージがその最新バージョンに追いついているとは限りませんし、そもそも間違った型定義をしてしまっている可能性もあります。

そのような場合の対応方法として、DefinitelyTypedはOSSなので、まずは間違った型定義を修正してPull Requestを送ることを考えてみましょう。

ただし、Pull Requestを送った場合でも、それがマージされてリリースされるまでは正しい型定義をDefinitelyTyped経由でインストールできません。すぐに正しい型定義が必要な場合の最終手段としては、アプリ内で自分でライブラリの型定義をする必要があります。

COLUMN　　**DefinitelyTypedがない場合**

先に述べたDefinitelyTypedの型定義が間違っているというパターンの他に、そもそも使いたいライブラリの型定義がDefinitelyTypedに存在しないというパターンもありえます。そのような場合もやはり、最終的には自分でライブラリの型定義ファイルを作成することになります。

uuidを例に自前で型定義ファイルを作成するやり方を見てみましょう。

今回はuuidという名前のライブラリで、そのライブラリはv4という名前の関数を持ち、v4は引数を持たずstringを返す関数である。という型定義を行います。それを表現するには、次のような記述になります。

SAMPLE CODE　ts/@types/uuid/index.d.ts

```
declare module 'uuid' {
  namespace uuid {
    function v4(): string
  }
```

▼

```
    export = uuid
  }
```

declare という構文がはじめて出てきました。これは**アンビエント宣言**（Ambient Declarations）と呼ばれるもので、declare で渡した型定義をTypeScriptに組み込むことができます。今回のように型情報のないライブラリを扱う場合や、JavaScriptから徐々にTypeScriptに書き換えるために一時的に型定義をしたいといった場面で便利な構文です。

declare 以外にもはじめて出てきた構文があるのですが、この中身に関してはライブラリの実装によるので詳しく説明はしません。このコラムでは、declare を使うことでライブラリの型定義ができる、ということさえわかれば問題ありません。

▎列挙型

Task クラスのプロパティとして、id 、title を実装してきました。最後に、TODOアプリで最も重要である「タスクのステータス」を Task クラスのプロパティとして実装していきます。

ts/Task.ts を次のように変更してください。

SAMPLE CODE ts/Task.ts

```
import { v4 as uuid } from 'uuid'
+
+ enum Status {
+   Todo = 'TODO',
+   Doing = 'DOING',
+   Done = 'DONE',
+ }

export class Task {
  readonly id
  title
+ status

  constructor(properties: { title: string }) {
    this.id = uuid()
    this.title = properties.title
+   this.status = Status.Todo
  }
}
```

新しく追加した this.status の部分を見てみると enum という構文で宣言された値が使用されています。タスク作成時はステータスは必ず 'TODO' になってほしいので、この1文では初期値として 'TODO' が入ることを表現しています。

ではここではじめて出てきた「enum」について詳しく解説します。

ブラウザで動くアプリケーションを作ってみよう

▶列挙型(enum)

列挙型(enum)は、関連する値の集合を表現する型です。

次のサンプルコードでは、**Color** というenumが宣言され、その中に **Red**、**Green**、**Blue** という3つの値が定義されています。

```
enum Color {
  Red,
  Green,
  Blue,
}

let color: Color

color = Color.Red
color = Color.Green
color = 'purple' // Type '"purple"' is not assignable to type 'Color'
```

それぞれの値は、**Color.Red** のような形で、**.** を使ってアクセスできることがわかります。
列挙型が注釈された変数は、その列挙型以外の値を代入しようとすると、型エラーが発生します。取り得る値が限られる場合などで使用することで効率的に記述できるようになります。
列挙型の挙動をより詳しく見ていきます。

```
enum Color {
  Red,
  Green,
  Blue,
}

let color: Color

console.log(Color.Red) // 0
console.log(Color.Green) // 1
console.log(Color.Blue) // 2

color = 0

console.log(color === Color.Red) // true
```

上記のように列挙型を宣言すると、実際の値としては **0** から連番で数値が振られることになります。このことから特に**数値列挙型**と呼ばれます。
数値列挙型は数値との互換性を持つので、**Color** 型の変数である **color** に数値の値を直接、代入できますし、**Color.Red** と数値の比較も正常に動作します。
別の列挙型の例も見てみましょう。

```
enum Color {
```

```
  Red = 'RED',
  Green = 'GREEN',
  Blue = 'BLUE',
}

let color = Color.Red

console.log(color) // 'RED'

color = 'RED' // Type '"RED"' is not assignable to type 'Color'.
```

　上記のように列挙型宣言時に文字列を渡すことができる、**文字列列挙型**というものもあります。

　ランタイムで意味のある文字列としての値を持つので、数値列挙型と比べてデバッグがしやすいなどの利点があります。また、数値列挙型と挙動が違う点として、文字列列挙型の値に対して、例え最終的な値が一致していたとしてもstring型の値を代入することはできません。

　今回の **Task** クラスの **Status** では文字列列挙型を使用しています。

　では、列挙型を使うと、どのようなときに便利になるのか例を見ながら解説していきます。

```
enum Color {
  Red = 'RED',
  Green = 'GREEN',
  Blue = 'BLUE',
}

const localizeColor = (color: Color) => {
  switch(color) {
    case Color.Red:
      return '赤'
    case Color.Green:
      return '緑'
    case Color.Blue:
      return '青'
  }
}
```

　このように列挙型の値を引数として受け取り、**switch** 文を内包する関数があるとします。
　Color 型に後から色を1つ追加することになったとします。その場合、**localizeColor** 関数の **switch** 文の中にも新しい色の **case** を追加しなければ、**localizeColor** が **undefined** を返す可能性が出てきてしまいます。これはプログラムのバグにつながってしまいます。
　color 引数をstring型として扱っていると、このバグに気付くことは難しいですが、列挙型で記述していた場合はコンパイル時にエラーが発生して気付くことができます。

```
enum Color {
  Red = 'RED',
  Green = 'GREEN',
  Blue = 'BLUE',
  Yellow = 'YELLOW',
}

const localizeColor = (color: Color) => { // Error: Not all code paths return a value.
  switch(color) {
    case Color.Red:
      return '赤'
    case Color.Green:
      return '緑'
    case Color.Blue:
      return '青'
  }
}
```

列挙型に `Yellow` が追加されましたが、`localizeColor` には追加されていません。その場合、コンパイル時に `Not all code paths return a value.` というエラーが出て、コンパイルに失敗することで開発者は気付くことができます。

ちなみにこのエラーは `tsconfig.json` で `noImplicitReturns` を `true` にしているときのみ発生するコンパイルエラーです。このように、`tsconfig.json` の設定は、型安全性をより高めるための設定もあるので、一度どのような設定項目があるかを見てみることをおすすめします。

▶列挙型は使うべきではない?

ここまで便利な型として紹介した列挙型ですが、この構文を使う場合には注意すべき点があります。その理由はいくつかありますが、ここでは主に2つの理由について解説します。

●TypeScriptのコンセプトに合っていない

1つ目の理由は、enumの機能はTypeScriptのコンセプトに合っていないということです。

TypeScriptはコンパイルすることでJavaScriptに変換され、その際に型定義はすべて削除されるため、基本的にはランタイムに影響を与えることがありません。しかし、列挙型は値を持ち、ランタイムに残る構文のため、TypeScriptの中でも特殊な立ち位置になっています。

TypeScriptはJavaScriptに静的型付けを加えたスーパーセットであり、静的型付け部分を除けばJavaScriptと互換性があることが強みであるはずが、列挙型はJavaScriptのランタイムに影響を及ぼし、構文として互換性もないため、TypeScriptのコンセプトから外れてしまっている構文といえます。

そう考えるとTypeScriptの強みを最大限活かすために、列挙型の使用は避けたほうがよいでしょう。

● 数値列挙型は型安全ではない

2つ目の理由は、数値列挙型は型安全ではないということです。実装例を見ながら数値列挙型が型安全ではない根拠を見ていきましょう。

```
enum Color {
  Red,
  Green,
  Blue,
}


const num = 10
const color: Color = num // エラーが発生しない
```

　数値列挙型の値にはあらゆるnumber型の値が代入可能なので、間違った数値が入ることを防ぐことができません。これは明確なデメリットといえるでしょう。

　この挙動は文字列列挙型であれば起こらない問題ですが、数値列挙型の使用は禁止するが文字列列挙型は使用してよい、というようなややこしいルールを決めるよりは、先に挙げたコンセプトからのズレも考慮して、列挙型を使用しないという選択も十分考えられます。

▶ 列挙型の代替

　列挙型の問題を挙げましたが、では列挙型を代替するような便利な機能は存在しないのでしょうか。実は、通常のオブジェクト型を使うことで、列挙型の機能はほぼ代用できます。

　その場合に使うTypeScriptの機能を新たに学びましょう。

● keyof

　keyof T の形で記述すると T interfaceの各プロパティ名のユニオン型を取得できます。例を見てみましょう。

```
interface Dog {
  name: string
  age: number
  weight: number
}


type DogKey = keyof Dog // 'name' | 'age' | 'weight'


const dogName: DogKey = 'name'
const dogHeight: DogKey = 'height' // エラー (Type '"height"' is not assignable to type
                                   //          'keyof Dog'.)
```

　このようにプロパティ名を取り出すことができます。 T に該当する型はinterfaceでも型エイリアスで宣言したオブジェクトの型でも問題ありません。

　'name' は Dog interfaceのプロパティに存在するので DogKey 型の値に代入できますが、'height' は Dog interfaceのプロパティに存在しないので DogKey 型の値に代入できずエラーになります。

● 「as const」と「keyof」と「typeof」を使った列挙型の再現

それでは今学んだ keyof と、これまでに学んできた as const による型アサーションと typeof を使用して列挙型の挙動を再現してみましょう。

次のコードを見ながら、1つずつ解説していきます。

```
const colorMap = {
  red: 'RED',
  green: 'GREEN',
  blue: 'BLUE',
} as const
type Color = typeof colorMap[keyof typeof colorMap] // 'RED' | 'GREEN' | 'BLUE'

let color: Color

color = colorMap.red
color = 'RED' // エラーにならない
color = 'YELLOW' // Type '"YELLOW"' is not assignable to type 'Color'
```

まず colorMap 変数ですが、通常オブジェクトの中でバリューに文字列の値を与えると string型として解釈されてしまいますが、as const による型アサーションを行うことで、'RED' 型、'GREEN' 型、'BLUE' 型をバリューとして持つオブジェクト型として扱うことができます。

次に typeof ですが、typeof の後ろに変数を渡すと、その変数の型を取り出すことができます。そこに先ほど学んだ keyof を組み合わせると、'red' | 'green' | 'blue' の ユニオン型を取得できます。

さらにそのユニオン型を typeof colorMap の添字として渡すと、ユニオン型のそれぞれ の型をキーとして colorMap のバリューを取り出すので、'RED' | 'GREEN' | 'BLUE' の ユニオン型を取得できます。

このオブジェクトとユニオン型を使用することで、改めて color 変数の挙動を見てみると、 列挙型の代用ができていることがわかると思います。

しかし、文字列列挙型ではできないはずの、color 変数への 'RED' という文字列の代 入ができてしまっているので、厳密にはこのコードは文字列列挙型と同じ挙動はしておらず、 また、列挙型とは違い値と型を別で定義しているので、列挙型に比べて記述が冗長になって しまっている部分はあります。

しかし同時に、数値列挙型の問題の解決もできています。

```
const colorMap = {
  red: 0,
  green: 1,
  blue: 2,
} as const
type Color = typeof colorMap[keyof typeof colorMap] // 0 | 1 | 2
```

▼

```
let color: Color

color = colorMap.red
color = 1
color = 10 // Type '10' is not assignable to type 'Color'
```

　数値列挙型の場合は color 変数に 10 を代入することができますが、この疑似数値列挙型はそれを防ぐことができます。

　このように列挙型の便利な機能を享受しつつ、列挙型が抱える問題を回避できるので、列挙型が必要だと感じたときにはこの記法を使用することをおすすめします。

▶「Task」クラスのリファクタリング

　ではここまで紹介した記法を使って、Task クラスを書き直してみましょう。

SAMPLE CODE ts/Task.ts

```
- enum Status {
-   Todo = 'TODO',
-   Doing = 'DOING',
-   Done = 'DONE',
- }
+ export const statusMap = {
+   todo: 'TODO',
+   doing: 'DOING',
+   done: 'DONE',
+ } as const
+ export type Status = typeof statusMap[keyof typeof statusMap]

export class Task {
  readonly id
  title
  status

  constructor(properties: { title: string }) {
    this.id = uuid()
    this.title = properties.title
-   this.status = Status.Todo
+   this.status = statusMap.todo
  }
}
```

　挙動の変更がないまま、列挙型の記法をなくすことができました。

　Status 型はまだこのファイル内では使用していませんが、後々使うことになるので今は外から使用できるように型定義のみ行い export しています。

　ではこの状態で再びブラウザをリロードして、入力フォームに「ランニングをする」と入力して「作成」ボタンをクリックしてみましょう。

consoleを開いて `console.log` の結果を確認してみましょう。次のような内容が出力されていれば成功です。

```
{
  id: "34d632f2-0f44-4db6-bb38-f8dee20e9071", // ID は作成の度に変わる
  status: "TODO",
  title: "ランニングをする",
}
```

III 「TaskCollection」クラスの作成

ユーザーの入力値をもとに Task インスタンスを作成できるようになったので、作成されたインスタンスをリストで管理できるようにしましょう。

`TaskCollection.ts` を作成して、次の内容を記述してください。

SAMPLE CODE ts/TaskCollection.ts

```
import { Task } from './Task'

export class TaskCollection {
  private tasks: Task[] = []

  add(task: Task) {
    this.tasks.push(task)
  }
}
```

Task のリストへの追加は、とてもシンプルな実装になっています。 TaskCollection は tasks という Task[] 型のプロパティを持ち、add というメソッドを持ちます。 add メソッドは task を引数で受け取ると tasks に追加します。

作成した TaskCollection を ts/index.ts から呼び出してみましょう。

SAMPLE CODE ts/index.ts

```
import { EventListener } from './EventListener'
import { Task } from './Task'
+ import { TaskCollection } from './TaskCollection'

class Application {
  private readonly eventListener = new EventListener()
+ private readonly taskCollection = new TaskCollection()
+
  // 省略
  private handleSubmit = (e: Event) => {
    // 省略

    const task = new Task({ title: titleInput.value })
-   console.log(task)
+       .
```

```
+   this.taskCollection.add(task)
+   console.log(this.taskCollection)
  }
}
// 省略
```

ブラウザをリロードしてタスクを作成してconsoleを確認してみましょう。**TaskCollection**のインスタンスが表示されていて、**tasks** プロパティの中身を見てみると、今作ったタスクが含まれる配列が取得できることがわかります。

作成したタスクの描画

では最後に、**TaskCollection** で保持している **tasks** を画面に描画してみましょう。先に書いたように、画面への描画処理はすべて **TaskRenderer** クラスに任せます。

SAMPLE CODE ts/TaskRenderer.ts

```
import { Task } from './Task'

export class TaskRenderer {
  constructor(private readonly todoList: HTMLElement) {}

  append(task: Task) {
    const taskEl = this.render(task)

    this.todoList.append(taskEl)
  }

  private render(task: Task) {
    // <div class="taskItem">
    //   <span>タイトル</span>
    //   <button>削除</button>
    // </div>

    const taskEl = document.createElement('div')
    const spanEl = document.createElement('span')
    const deleteButtonEl = document.createElement('button')

    taskEl.id = task.id
    taskEl.classList.add('task-item')

    spanEl.textContent = task.title
    deleteButtonEl.textContent = '削除'

    taskEl.append(spanEl, deleteButtonEl)

    return taskEl
  }
}
```

　TaskRenderer は constructor の引数として todoList を受け取りそのままプロパティとして扱います。そして ts/index.ts から呼び出すメソッドとして、append を定義しています。append ではプライベートメソッドである render を呼び出して HTMLDivElement 型である taskEl を取得し、todoList のDOM APIである append を使ってHTMLに taskEL を追加することで画面に要素を表示します。

　render メソッドを詳しく見てみましょう。render メソッドはタスクを画面に表示するためにHTMLを生成する役割を持っています。メソッドの最初に、どのようなHTMLを生成したいのかをコメントで書いています。このコメントのHTMLを生成できるように、createElement や classList などのDOM APIを駆使して実装しています。

　TypeScriptの本題からは外れてしまう箇所なので1つひとつの行を詳しく解説はしません。この render メソッドでは最終的に HTMLDivElement の値を返すことだけ認識できていれば問題ありません。

　taskEl の id 属性に対してタスクインスタンスの id を渡している部分に注目してください。この taskEl の id は、後の処理で必要となる値なので、この時点で渡しています。

　ではこの TaskRenderer を呼び出してみましょう。

SAMPLE CODE ts/index.ts

```
// 省略
import { TaskCollection } from './TaskCollection'
+ import { TaskRenderer } from './TaskRenderer'

class Application {
  private readonly eventListener = new EventListener()
  private readonly taskCollection = new TaskCollection()
+ private readonly taskRenderer = new TaskRenderer(
+   document.getElementById('todoList') as HTMLElement
+ )

  // 省略
  private handleSubmit = (e: Event) => {
    // 省略

    this.taskCollection.add(task)
-   console.log(this.taskCollection)
+
+   this.taskRenderer.append(task)
+
+   titleInput.value = ''
  }
}
```

　TaskRenderer をインスタンス化して Application クラスのプロパティにしています。このとき、これまでと同じように型アサーションで HTMLElement として扱っています。

そして Task のインスタンスを append メソッドに渡すことで画面にタスクが表示されます。

最後に titleInput の value に空文字を代入することで、画面の入力フォームの文字を空にしています。

以上でTODOアプリの最初の基本機能である、タスクの作成機能が完成しました。入力フォームに文字列を入力して「作成」ボタンをクリックすることで、タスクをいくつでも増やせるようになりました。

次項では、作成したタスクを削除できるようにしていきましょう。

■ タスクの削除

タスクの作成機能が実装できたので、次は逆にタスクを削除できるようにしましょう。

たとえば、間違えてタスクを作成してしまった場合や、完了したタスクが「DONE」ステータスのレーンに膨大に溜まってしまった場合に、タスクの削除ができなければユーザーにとっては不便です。そのような問題を防ぐために、タスクの削除機能を実装していきましょう。

▶ 処理の流れ

作成機能を実装したときと同じように、処理の流れから考えてみましょう。

1 ユーザーがタスクの削除ボタンをクリックする
2 「click」イベントが発火して登録していたハンドラが呼ばれる
3 該当タスクのHTML要素のイベントハンドラを削除する
4 「TaskCollection」から該当の「id」のタスクを削除する
5 HTMLから該当の「id」のタスクを削除する

このような流れで処理が実行されるよう、削除処理を実装していきます。

▶ タスクの削除ボタンへのイベント登録

まず、作成したタスクの削除ボタンのクリックにイベントハンドラを登録できるようにしましょう。

現時点では、タスクのHTMLを作成する際に削除ボタンの要素を取得していないので、イベントハンドラを登録することができません。そのため、削除ボタンの要素を TaskRenderer の外から触れるようにしましょう。

実装としては、TaskRenderer クラスの append メソッドを呼んだときに削除ボタンの要素が返ってくるようになるとよさそうです。

SAMPLE CODE s/TaskRenderer.ts

```
export class TaskRenderer {
  // 省略
  append(task: Task) {
-   const taskEl = this.render(task)
+   const { taskEl, deleteButtonEl } = this.render(task)

    this.todoList.append(taskEl)
+
```

```
+   return { deleteButtonEl }
  }

  private render(task: Task) {
    // 省略
-   return taskEl
+   return { taskEl, deleteButtonEl }
  }
}
```

render メソッドで taskEl だけではなく deleteButtonEl も返すようになりました。そして append メソッドで受け取った deleteButtonEl をそのまま返すようにしています。

次に、ts/index.ts 側で deleteButtonEl を受け取ってイベントハンドラを登録してみましょう。

SAMPLE CODE ts/index.ts

```
class Application {
  // 省略
  private handleSubmit = (e: Event) => {
    // 省略
    this.taskCollection.add(task)

-   this.taskRenderer.append(task)
+   const { deleteButtonEl } = this.taskRenderer.append(task)
+
+   this.eventListener.add(
+     task.id,
+     'click',
+     deleteButtonEl,
+     () => this.handleClickDeleteTask(task),
+   )

    titleInput.value = ''
  }
+
+ private handleClickDeleteTask = (task: Task) => {
+   if (!window.confirm(`「${task.title}」を削除してよろしいですか？`)) return
+
+   console.log(task)
+ }
}
```

タスクを追加した後に、受け取った deleteButtonEl に対して eventListener.add を使ってイベントハンドラを登録しています。

このタスクの削除ボタンをクリックすると、タスクのHTML要素はHTMLから削除されることになるので、その際にはこのイベントハンドラも削除する必要があります。それができるようにするために、今回は `task.id` を `eventListener.add` に渡して、後で `task.id` を使って `eventListener.remove` で削除できる状態にしています。

イベントハンドラ内で実行されている `handleClickDeleteTask` メソッドを見てみましょう。イベントハンドラから `handleClickDeleteTask` を呼び出すときに、作成したタスクインスタンスを引数として渡していることに注目してください。今後の処理はすべて、このタスクインスタンスを引数として使っていきます。

`handleClickDeleteTask` メソッドではまず、`window.confirm` を使ってブラウザにconfirmダイアログを表示しています。ユーザーがダイアログの「OK」(ブラウザによって文言は変わります)をクリックすれば次の `console.log` にたどり着きますが、「キャンセル」をクリックした場合、`window.confirm` は `false` を返すのでそこで処理を抜けて終了します。

実際にブラウザで動作を確認してみましょう。タスクを作成した後、作成したタスクの「削除」ボタンをクリックしてconfirmダイアログの「OK」をクリックするとconsoleにタスクインスタンスの情報が表示されます。

▶ 削除処理の実装

削除ボタンをクリックされたタスクのインスタンスを見つけることができるようになったので、実際に削除する処理を書いていきます。

一口に削除といっても、やらなければいけないことはいくつかあります。

- 「削除」ボタンクリックのイベントハンドラを「EventListener」から削除する
- タスクを「TaskCollection」から削除する
- タスクをHTMLから削除する

これからこの3つの処理を実装していきましょう。

- 「削除」ボタンクリックのイベントハンドラを「EventListener」から削除する

まず登録していたイベントハンドラを削除してみましょう。

SAMPLE CODE ts/index.ts

```
private handleClickDeleteTask = (task: Task) => {
  if (!window.confirm(`「${task.title}」を削除してよろしいですか？`)) return

- console.log(task)
+ this.eventListener.remove(task.id)
}
```

ブラウザで作成したタスクの「削除」ボタンをクリックして削除処理を実行した後、もう一度同じ「削除」ボタンをクリックしてみてください。2度目のクリックでは何も起きなかったはずです。問題なく「削除」ボタンのイベントハンドラが削除できたことが確認できました。

●タスクを「TaskCollection」から削除する

次に **TaskCollection** の **tasks** から該当タスクを削除します。この **tasks** はHTMLの状態とは別のものなので、この削除処理を実装した時点では画面には何も変化は起きません。

SAMPLE CODE ts/TaskCollection.ts

```
export class TaskCollection {
  // 省略
+
+ delete(task: Task) {
+   this.tasks = this.tasks.filter(({ id }) => id !== task.id)
+ }
}
```

まず **TaskCollection** に **delete** メソッドを実装しました。このメソッドの実装はシンプルで、**tasks** の配列に対して **filter** を行い、渡された **task** と同じidのものがあればそれを抜いた配列を新たに生成して **tasks** に入れ直しています。

ではこのメソッドを **ts/index.ts** から呼び出してみましょう。

SAMPLE CODE ts/index.ts

```
private handleClickDeleteTask = (task: Task) => {
  if (!window.confirm(`「${task.title}」を削除してよろしいですか？ `)) return

  this.eventListener.remove(task.id)
+ this.taskCollection.delete(task)
+ console.log(this.taskCollection)
}
```

画面の状態は変化しないので、**delete** メソッドを呼び出した後に **taskCollection** の中身をconsoleで確認する実装にしています。

試しに、いくつかのタスクを作成した後に1つだけ削除してみましょう。画面の状態は変わらないですが、**taskCollection.tasks** は該当のタスクが削除された状態になっていることが確認できます。

●タスクをHTMLから削除する

イベントハンドラの削除、**TaskCollection** からの削除ができたので、最後に画面からタスクを削除して、この削除処理の実装を完了させます。

まずは **TaskRenderer** に要素の削除処理を実装します。

SAMPLE CODE ts/TaskRenderer.ts

```
export class TaskRenderer {
  // 省略
+
+ remove(task: Task) {
+   const taskEl = document.getElementById(task.id)
+
```

```
+   if (!taskEl) return
+
+   this.todoList.removeChild(taskEl)
+ }

   // 省略
}
```

渡された task のidをもとに getElementById で要素を見つけ出しています。

これまでは getElementById で取得した要素は as による型アサーションで HTMLElement として型を指定していましたが、今回はもとのHTMLファイルに記述されている要素ではなく、動的に追加された要素を取得しているので、可能性として取得しようとしている要素が存在しない場合も考えられます。

そのため、本来の getElementById が返す型である HTMLElement | null に従って、if 文によって taskEl が存在するかどうかの確認をして、存在していた場合だけ処理が続くようにしています。

このような存在確認の条件分岐を書くと、後続の処理の中ではnull型が外れた HTMLElement として扱われます。

最後にDOM APIである removeChild を使って該当の要素を削除しています。DOM APIでは指定したHTML要素を直接、削除するようなAPIはなく、削除したい要素の親要素の removeChild を使って要素を削除することになります。

では新しく追加したメソッドを ts/index.ts から呼び出してみましょう。

SAMPLE CODE ts/index.ts

```
private handleClickDeleteTask = (task: Task) => {
  if (!window.confirm(`「${task.title}」を削除してよろしいですか？`)) return

  this.eventListener.remove(task.id)
  this.taskCollection.delete(task)
- console.log(this.taskCollection)
+ this.taskRenderer.remove(task)
}
```

ブラウザで実際に作成したタスクを削除してみましょう。画面からタスクの要素が削除されることが確認できます。以上で削除処理は完了になります。

次は、いよいよタスク管理の本題であるステータスの変更を実装していきます。

■ タスクの更新

ここまでタスクの作成・削除の処理を実装してきました。ここでは、タスクの進捗状況を管理できるよう、タスクを「TODO」レーンから他のレーンに移動させる機能を実装していきます。

ブラウザ上で要素の移動をするための自然なインタラクションといえば、ドラッグ&ドロップがすぐに思い付くのではないでしょうか。しかし、ドラッグ&ドロップの実装は一から作ろうとするととても複雑な実装になってしまうため、ここではライブラリを使用して実装していきます。

▶処理の流れ

作成・削除のときと同じように、まず処理の流れを考えてみましょう。

1 ユーザーがタスクをドラッグ&ドロップで「TODO」レーンから「DOING」レーンに移動する

2 ドロップしたレーンのステータスに合わせて対象のタスクのステータスを更新する

3 ドロップした位置に合わせて「TaskCollection」の「tasks」の順序を更新する

ドラッグ&ドロップの処理は、DOMの状態変化とデータの状態変化の両方をしっかり考えないといけないので難しい実装になってしまいますが、1つひとつ理解しながら進めていきましょう。

▶ドラッグ&ドロップを実装するための準備

現在は「TODO」のレーンの div 要素しか扱える状態になっていませんが、今後のドラッグ&ドロップの実装のために、まずは「DOING」「DONE」のレーンの div 要素を扱える状態にしておきましょう。

div 要素の取得やドラッグ&ドロップの実装はDOMに依存するため、TaskRenderer に処理を追加していきます。

SAMPLE CODE ts/TaskRenderer.ts

```
export class TaskRenderer {
- constructor(private readonly todoList: HTMLElement) {}
+ constructor(
+   private readonly todoList: HTMLElement,
+   private readonly doingList: HTMLElement,
+   private readonly doneList: HTMLElement,
+ ) {}

  // 省略
}
```

TaskRenderer の constructor の引数を変更したことで、ts/index.ts でインスタンス化している部分でコンパイルエラーが発生します。そちらを修正していきましょう。

SAMPLE CODE ts/index.ts

```
class Application {
  // 省略
  private readonly taskRenderer = new TaskRenderer(
-   document.getElementById('todoList') as HTMLElement
+   document.getElementById('todoList') as HTMLElement,
+   document.getElementById('doingList') as HTMLElement,
+   document.getElementById('doneList') as HTMLElement,
  )
  // 省略
}
```

これで ts/index.ts 側のエラーが消え、TaskRenderer で doingList と doneList が扱える状態になりました。

しかし、ターミナルを見てみると、**TaskRenderer** で「Property 'doingList' is declared but its value is never read.」というエラーが発生しています。 **doneList** でも同様のエラーが起きています。

これは、**doingList** と **doneList** が宣言されているがどこからも使用されていないときに発生するエラーです。このエラーはドラッグ&ドロップの処理を実装すれば自然に消えることになるので、いったん無視して次に進みましょう。

■ドラッグ&ドロップの実装

次に、ドラッグ&ドロップのライブラリをインストールしていきましょう。今回は、dragulaというライブラリを使用します。

一度、**$ npm run dev** を実行していたターミナルを止めて、次のコマンドを実行してください。

```
$ npm install dragula@3.7.3
$ npm install --save-dev @types/dragula@3.7.1
```

インストールが完了したら、再度、**$ npm run dev** を実行してください。

まずはdragulaのインターフェースを確認するために、**import** するコードだけ書いてみます。

SAMPLE CODE ts/TaskRenderer.ts

```
+ import dragula from 'dragula'
+
import { Task } from './Task'
```

この状態で **dragula** の部分にマウスオーバーしてCmd(Ctrl)+クリックをしてみると、**dragula** の定義元にコードジャンプできます。

```
declare const dragula: dragula.Dragula;
```

すると **dragula** という変数は **dragula.Dragula** という型で定義されていることがわかります。

さらに **Dragula** の型を見てみます。

```
interface Dragula {
    (containers: Element, options: DragulaOptions): Drake;
    (containers: Element[], options?: DragulaOptions): Drake;
    (options?: DragulaOptions): Drake;
}
```

Dragula は3つのパターンで関数を呼び出せるということがわかります。今回は、**todoList**、**doingList**、**doneList** という3つのElementに対してドラッグ&ドロップの処理を行いたいので、配列型の引数を受け付けている2つ目の **(containers: Element[], options?: DragulaOptions): Drake;** という呼び出し方が適切かもしれないという予測が立てられます。

197

さらに、関数呼び出しを行った際の返り値となる **Drake** の型を見てみましょう。

```
interface Drake {
    containers: Element[];
    dragging: boolean;
    start(item: Element): void;
    end(): void;
    cancel(revert?: boolean): void;
    canMove(item: Element): boolean;
    remove(): void;
    on(event: 'drag', listener: (el: Element, source: Element) => void): Drake;
    on(event: 'dragend', listener: (el: Element) => void): Drake;
    on(event: 'drop', listener: (el: Element, target: Element, source: Element,
                        sibling: Element) => void): Drake;
    on(
        event: 'cancel' | 'remove' | 'shadow' | 'over' | 'out',
        listener: (el: Element, container: Element, source: Element) => void,
    ): Drake;
    on(event: 'cloned', listener: (clone: Element, original: Element, type: 'mirror' | 'copy')
        => void): Drake;
    destroy(): void;
}
```

今回は、ユーザーが要素をドロップした際にタスクを更新する処理を実行したいので、**on (event: 'drop', listener: (el: Element, target: Element, source: Element, sibling: Element) => void): Drake;** というメソッドを使用するとよさそうです。

実際にライブラリを使用する際は、ドキュメントを読んでそこに書いてある使い方をもとに実装していくことが多いですが、このように型情報からインターフェースを読み解くこともできます。

慣れるまでは難しいかもしれませんが、このやり方ができるようになると、ライブラリを動かすまでのスピードが上がるので、型定義を見る癖を付けておくとよいかもしれません。

では、この予測をもとにdragulaを使ったコードを書いてみましょう。

SAMPLE CODE ts/TaskRenderer.ts

```
export class TaskRenderer {
  // 省略
+
+ subscribeDragAndDrop() {
+   dragula([this.todoList, this.doingList, this.doneList]).on('drop', (el, target, source,
+                                                         sibling) => {
+     console.log(el)
+     console.log(target)
+     console.log(source)
+     console.log(sibling)
+   })
```

```
+ }
  // 省略
}
```

ここでは `dragula` の `'drop'` イベントに対してコールバック関数の定義をしていますが、特に何か処理を行っているわけではなく、コールバック関数に渡された値を `console.log` で出力しているだけです。

最後に、この処理を `ts/index.ts` から呼び出しましょう。

SAMPLE CODE ts/index.ts

```
class Application {
  // 省略

  start() {
    // 省略

    this.eventListener.add('submit-handler', 'submit', createForm, this.handleSubmit)
+
+   this.taskRenderer.subscribeDragAndDrop()
  }

  // 省略
}
```

ブラウザでタスクを追加した後、そのタスクをドラッグ&ドロップして「DOING」のレーンに移動してみましょう。画面上で実際に要素が「DOING」レーンに移動しました。

ブラウザの画面だけを見ていると、これで更新処理は完了としていいように見えますが、実際には `TaskCollection` に入っているタスクのステータスやタスクの順序は変わっていないので、TypeScript側で持っているタスクの状態とDOMに差異がある状態になっています。この状況を解消するために、実際にタスクの状態を更新する処理を作っていく必要があります。

ブラウザのconsoleを見てみると、次のように出力されています。

```
<div id="1d512184-1cb7-44e2-abf3-ae66b956b75f" class="task-item">...</div>   TaskRenderer.ts:30
<div id="doingList" class="tasks">…</div>                                    TaskRenderer.ts:31
<div id="todoList" class="tasks"></div>                                      TaskRenderer.ts:32
null                                                                         TaskRenderer.ts:33
```

この結果から考えると、`dragula` の `.on('drag')` のコールバック関数の引数について、次のことがわかります。

- 「el」は移動した要素自体が渡される
- 「target」は移動した先の親要素が渡される
- 「source」は移動する前に対象の要素が置かれていた親要素が渡される

しかし、最後の `sibling` は `null` のため、どのような値が入ってくるのかまだわかりません。ただこれは英単語の意味の「兄弟」というところから考えると、何かしらの要素の兄弟要素が渡されるのかもしれないという予測が立てられます。

もう一度ブラウザで操作をして確認してみましょう。

画面をリロードして初期状態にした後、タスクを2つ作成してください。そして作成したタスクを2つとも「DOING」のレーンに移動してください。その際、2回目に移動する要素は1回目に移動した要素の上に配置してください。

この状態で2回目の移動の後のconsoleを確認してみましょう。

```
<div id="1d512184-1cb7-44e2-abf3-ae66b956b75f" class="task-item">...</div> TaskRenderer.ts:30
<div id="doingList" class="tasks">...</div>                                   TaskRenderer.ts:31
<div id="todoList" class="tasks"></div>                                       TaskRenderer.ts:32
<div id="129c8aa2-7635-4e2f-967b-5e1b0bec8075" class="task-item">...</div> TaskRenderer.ts:33
```

今回は `sibling` に `null` ではなく、タスクの要素が入ってきました。`id` の部分はランダムなUUIDなので、実際にはこれとは違う値が入ってきます。

consoleに表示されたこの4つ目の要素をマウスオーバーすると、先ほど移動した要素の下の要素がハイライトされることがわかるかと思います。

つまり、`sibling` には移動した要素の兄弟であり、すぐ下の要素が渡されるということがわかりました。そしてこれまで見てきたドロップ時に取得できる要素を使えば、タスクの更新処理をするための準備が整います。

では引き続き実装をしていきましょう。

SAMPLE CODE ts/TaskRenderer.ts

```
import dragula from 'dragula'

- import { Task } from './Task'
+ import { Status, Task, statusMap } from './Task'

export class TaskRenderer {
  // 省略
- subscribeDragAndDrop() {
-   dragula([this.todoList, this.doingList, this.doneList]).on('drop', (el, target, source,
-                                                                      sibling) => {
-     console.log(el)
-     console.log(target)
-     console.log(source)
-     console.log(sibling)
-   })
- }
+ subscribeDragAndDrop(onDrop: (el: Element, sibling: Element | null, newStatus: Status) =>
+                      void) {
+   dragula([this.todoList, this.doingList, this.doneList]).on('drop', (el, target,
+                                                                      _source, sibling) => {
```

```
+     let newStatus: Status = statusMap.todo
+
+     if (target.id === 'doingList') newStatus = statusMap.doing
+     if (target.id === 'doneList') newStatus = statusMap.done
+
+     onDrop(el, sibling, newStatus)
+   })
+ }
+
+ getId(el: Element) {
+   return el.id
+ }
  // 省略
}
```

subscribeDragAndDrop がコールバック関数を引数として受け取るように変更しています。コールバック関数である onDrop には dragula が返す値である el と sibling 、そして最後に target の id から判断された新しいステータスの3つを渡しています。

ちなみに、dragula の on メソッドの第2引数のコールバック関数の第3引数に _source という記述があります。ここにはドラッグした要素の親要素の Element が渡されてくるのですが、今回の処理では使用しません。

もし関数の最後の引数だけ使わないような場合であればその引数の記述を省略すれば済むのですが、関数の途中の引数を使わない場合は、引数名の頭に _ を付ける必要があります。これは、tsconfig.json の noUnusedParameters という設定によって、未使用の引数があった場合にコンパイルエラーになる制約が付けられており、それを意図的に回避するためのキーワードが _ となっているためです。

そしてもう1つ、getId というメソッドを追加しています。このメソッドがやっていることは HTML Element の id を取得して返すという単純な処理なのですが、TaskRenderer 以外のファイルでDOMのAPIを意識させないために、TaskRenderer にその処理を実装しています。

この変更に合わせて ts/index.ts 側も修正していきます。

SAMPLE CODE ts/index.ts

```
import { EventListener } from './EventListener'
- import { Task } from './Task'
+ import { Status, Task } from './Task'
import { TaskCollection } from './TaskCollection'
import { TaskRenderer } from './TaskRenderer'

class Application {
  // 省略
  start() {
    const createForm = document.getElementById('createForm') as HTMLElement
```

```
  this.eventListener.add('submit-handler', 'submit', createForm, this.handleSubmit)    ▼
- this.taskRenderer.subscribeDragAndDrop()
+ this.taskRenderer.subscribeDragAndDrop(this.handleDropAndDrop)
  }
  // 省略
+
+ private handleDropAndDrop = (el: Element, sibling: Element | null, newStatus: Status) => {
+   const taskId = this.taskRenderer.getId(el)
+
+   if (!taskId) return
+
+   console.log(taskId)
+   console.log(sibling)
+   console.log(newStatus)
+ }
  }
```

この状態でブラウザでタスクを作成してドラッグ&ドロップで要素の移動をすると、console
に `taskId`、`sibling`、`newStatus` の中身が表示されるはずです。

▶「Task」と「TaskCollection」の更新処理の追加

移動したタスクの `id` を取得することができたので、この値を使って `TaskCollection` か
ら該当する `Task` インスタンスを見つけて、実際に更新する処理を実装していきましょう。

SAMPLE CODE ts/Task.ts

```
export class Task {
  readonly id
  title
- status
+ status: Status

  // 省略

+ update(properties: { title?: string; status?: Status }) {
+   this.title = properties.title || this.title
+   this.status = properties.status || this.status
+ }
}
```

`Task` クラスに `update` メソッドを追加しています。 `title` と `status` をオプショナルで
受け取り、値が渡された場合はそれを更新するようにしています。

今回のアプリでは一度作られたタスクの `title` が後から変更されることはないので `title`
は不要ではありますが、今後の拡張のためにあえて `title` も更新できるようなインターフェース
にしています。

SAMPLE CODE ts/TaskCollection.ts

```
export class TaskCollection {
  // 省略
+
+ find(id: string) {
+   return this.tasks.find((task) => task.id === id)
+ }
+
+ update(task: Task) {
+   this.tasks = this.tasks.map((item) => {
+     if (item.id === task.id) return task
+     return item
+   })
+ }
}
```

ts/index.ts では、DOMから取得した id を使ってまずは該当の Task インスタンスを見つけ出す必要があるので、TaskCollection に find メソッドを追加しています。実装はとても簡単で、Arrayの find メソッドを使用しているだけです。

また、tasks に対しての更新処理も実装しています。こちらもArrayの map メソッドを使用して id が一致するタスクを置き換えているだけです。

最後にこれらの処理を呼び出していきましょう。

SAMPLE CODE ts/index.ts

```
private handleDropAndDrop = (el: Element, sibling: Element | null, newStatus: Status) => {
  const taskId = this.taskRenderer.getId(el)

  if (!taskId) return

- console.log(taskId)
- console.log(sibling)
- console.log(newStatus)
+ const task = this.taskCollection.find(taskId)
+
+ if (!task) return
+
+ task.update({ status: newStatus })
+ this.taskCollection.update(task)
+
+ console.log(sibling)
}
```

Task インスタンスを更新して、更新されたタスクを使って TaskCollection 内の tasks を更新する形にしています。

これでDOMに存在するタスクのステータスと、TaskCollection が持つ Task のステータスが一致する状態になりました。

以上でいったん更新処理は終わりになりますが、handleDropAndDrop に渡された sibling がまだ使用されていません。この sibling は次節で使用するので、今はこのまま置いておきましょう。

また、まだ TaskCollection の tasks の中の順序をHTMLのタスクの順序に合わせる処理ができていません。これも sibling とともに作り込みの段階で実装していくこととします。

▶ 既存の削除処理の修正

更新処理の実装が完了しましたが、実は更新処理を実装したことで、既存の機能が動かなくなってしまっています。

試しに、タスクを新しく作成して「TODO」以外のレーンに移動した後、そのタスクを削除してみてください。Uncaught DOMException のエラーが発生して削除できないことがわかります。

これは、TaskRenderer の remove メソッドの実装が、todoList のみを対象としていることが原因です。「DOING」レーンにあるタスクを削除する際は、doingList に対して removeChild メソッドを実行したいはずが、todoList に対して行ってしまっているので、該当の要素が見つけられずにエラーとなってしまっています。

こちらを修正していきましょう。

SAMPLE CODE ts/TaskRenderer.ts

```
remove(task: Task) {
  const taskEl = document.getElementById(task.id)

  if (!taskEl) return

- this.todoList.removeChild(taskEl)
+ if (task.status === statusMap.todo) {
+   this.todoList.removeChild(taskEl)
+ }
+
+ if (task.status === statusMap.doing) {
+   this.doingList.removeChild(taskEl)
+ }
+
+ if (task.status === statusMap.done) {
+   this.doneList.removeChild(taskEl)
+ }
}
```

`task` の `status` をもとに `if` 文で分岐して親要素を指定しています。

ブラウザに戻って、いくつかのタスクを作成してレーンを移動した後、削除を行ってみましょう。今度はどのレーンにあるタスクでも問題なく削除できるようになりました。

ここまでで、タスクの作成・削除・更新という基本的な機能の実装が完了しました。今実装されている機能で、TODOアプリとしてはある程度、使えるものにはなりました。

次節では、このTODOアプリをより実用的に使えるように機能追加をしていきながら、より発展的なTypeScriptの機能を取り入れていきます。

04
ブラウザで動くアプリケーションを作ってみよう

TODOアプリの機能を作り込んでみよう

ここまですでにTODOアプリとしての基本的な機能は実装できましたが、実用に足りるかというとまだいくつか足りない部分があります。たとえば、次のような機能があればより便利に使えるのではないでしょうか。

- 「DONE」ステータスのタスクを一括削除できる
- タスク一覧が永続化され、画面を更新しても残り続ける

本節で追加する機能について

上記をふまえ、本節では次の機能を実装します。

▶「DONE」ステータスのタスクを一括削除できる

現状はタスクを削除したい場合はタスクの「削除」ボタンを1つずつクリックしていく必要があります。このやり方だと、「DONE」にタスクが溜まってしまうと削除をするのが面倒になってしまいます。

このような状況を避けるために「DONE」レーンにあるタスクを一括で削除する機能があればより便利になりそうです。

▶タスク一覧が永続化され、画面を更新しても残り続ける

現状はタスクをいくら追加しても画面を更新するとすべてのタスクが消えてしまいます。実際のアプリではデータが永続化されることが当然のように期待されるので、これはアプリとして提供する場合は致命的といえそうです。

ただ、今回は特にバックエンドの実装は行わないため、ブラウザ上でデータを保存できるlocalStorageを使用してデータの永続化を行います。

では早速、これらの機能を実装していきましょう。

一括削除機能の作成

ここでは「DONE」ステータスのタスクの一括削除処理を実装していきます。TypeScriptとしての新しい文法は特に出てこないので、簡単な解説だけしていきます。

▶イベントハンドラの登録

まずは、「DONEのタスクを一括削除」ボタンのクリックを取得してconfirmダイアログを表示するところまで実装していきましょう。

SAMPLE CODE ts/index.ts

```
class Application {
  // 省略
  start() {
    const createForm = document.getElementById('createForm') as HTMLElement
+   const deleteAllDoneTaskButton = document.getElementById('deleteAllDoneTask') as HTMLElement
```

```
  this.eventListener.add('submit-handler', 'submit', createForm, this.handleSubmit)
+ this.eventListener.add('click-handler', 'click', deleteAllDoneTaskButton,
+                           this.handleClickDeleteAllDoneTasks)

  this.taskRenderer.subscribeDragAndDrop(this.handleDropAndDrop)
 }

 // 省略
+
+ private handleClickDeleteAllDoneTasks = () => {
+   if (!window.confirm('DONE のタスクを一括削除してよろしいですか？')) return
+
+   console.log('delete')
+ }

 // 省略
}
```

　ここまでやってきたことの繰り返しなので詳しく解説はしないですが、「DONEのタスクを一括削除」ボタンをクリックするとconfirmダイアログが表示されて、「OK」をクリックするとconsoleに文字列が表示されるようになりました。

▶「DONE」ステータスのタスクの絞り込み

　次に、実際に削除をするために「DONE」ステータスのタスクを抽出する処理を実装していきましょう。 TaskCollection にタスクを絞り込む機能を実装します。

SAMPLE CODE ts/TaskCollection.ts

```
- import { Task } from './Task'
+ import { Status, Task } from './Task'

export class TaskCollection {
  // 省略
+
+ filter(filterStatus: Status) {
+   return this.tasks.filter(({ status }) => status === filterStatus)
+ }
}
```

　実装は簡単なArrayのメソッドだけですが、渡されたステータスをもとに tasks を絞り込んで新しいArrayを返しています。 filterStatus は Status 型として指定しているので、statusMap を使用して引数が渡されることを想定しています。

　ではこれを ts/index.ts から呼び出してみましょう。

ブラウザで動くアプリケーションを作ってみよう

SAMPLE CODE ts/index.ts

```
import { EventListener } from './EventListener'
- import { Status, Task } from './Task'
+ import { Status, Task, statusMap } from './Task'
import { TaskCollection } from './TaskCollection'
import { TaskRenderer } from './TaskRenderer'

class Application {
  // 省略
  private handleClickDeleteAllDoneTasks = () => {
    if (!window.confirm('DONE のタスクを一括削除してよろしいですか？')) return

-   console.log('delete')
+   const doneTasks = this.taskCollection.filter(statusMap.done)
+
+   console.log(doneTasks)
  }
  // 省略
}
```

`this.taskCollection.filter` に `statusMap.done` を渡して絞り込んでいます。

では実際に挙動を確認してみましょう。いくつかのタスクを作成し、そのうちのまたいくつかを
「DONE」レーンに移動してから「DONEのタスクを一括削除」ボタンをクリックしてください。

consoleに「DONE」レーンにあるタスクのインスタンスのArrayが表示されたかと思います。

▶指定した複数のタスクの削除

削除するべき対象のタスク一覧の取得ができたので、それらをまとめて削除する処理を実
装していきます。以前に1つずつ削除する処理自体は実装しているので、今回はその処理を
流用して簡単に済ませてしまいましょう。

まずは既存の削除処理を汎用的に使えるようにメソッドに切り出して、そのメソッドを使ってま
とめてタスクを削除します。

SAMPLE CODE ts/index.ts

```
class Application {
  // 省略
+ private executeDeleteTask = (task: Task) => {
+   this.eventListener.remove(task.id)
+   this.taskCollection.delete(task)
+   this.taskRenderer.remove(task)
+ }
+
  private handleClickDeleteTask = (task: Task) => {
    if (!window.confirm(`「${task.title}」を削除してよろしいですか？`)) return

-   this.eventListener.remove(task.id)
```

▼

```
-    this.taskCollection.delete(task)
-    this.taskRenderer.remove(task)
+    this.executeDeleteTask(task)
   }

   private handleClickDeleteAllDoneTasks = () => {
     if (!window.confirm('DONE のタスクを一括削除してよろしいですか？ ')) return

     const doneTasks = this.taskCollection.filter(statusMap.done)

-    console.log(doneTasks)
+    doneTasks.forEach((task) => this.executeDeleteTask(task))
   }
 }
```

handleClickDeleteTask 内の3つの削除処理を executeDeleteTask メソッドにまとめて切り出しました。そしてそのメソッドを handleClickDeleteAllDoneTasks 内で抽出した doneTasks に対して forEach でループさせて呼び出すことで、複数タスク一括削除の処理としています。

それではブラウザで、複数のタスクを作成した後、いくつかを「DONE」レーンに移動し、「DONEのタスクを一括削除」ボタンをクリックしてみましょう。ダイアログが表示されて「OK」を選択すると、「DONE」レーンのタスクがすべて削除されました。念のため、個別のタスクの削除ボタンも一度試してみて、既存の挙動が壊れてしまっていないか確認してみましょう。

これで「DONE」ステータスのタスクの一括削除処理は完成です。基本的にはこれまで実装してきた処理を流用して、シンプルな実装で機能追加ができました。

次項では、最も実装が複雑になりそうなタスク一覧の永続化を実装していきます。

■ データの永続化

ここではlocalStorageを使用してデータをブラウザに保存することで、画面の更新をしてもタスク一覧が残るようにします。これをすることでTODOアプリがようやく実用に耐えうるものになるので、とても重要な機能になります。

また、タスクが残り続けるようにするためには、状態が変わるたびにlocalStorageに保存し直したり、画面を更新してアプリが起動する際に最初にlocalStorageからデータを取得して表示したりなど、実装しなければならない処理が増えてくるので、少し難しい話が増えていきますが、1つひとつ解説していきます。

▶ localStorageの使用の準備

まず最初に、localStorageをアプリ内で使用できるように準備をしていきます。今回は Task Collection クラスがタスクの一覧を制御するクラスなので、TaskCollection のプロパティでlocalStorageを持つような実装にしていきます。

SAMPLE CODE ts/TaskCollection.ts

```
  export class TaskCollection {
+ private readonly storage
  private tasks: Task[] = []

+ constructor() {
+    this.storage = localStorage
+    console.log(this.storage)
+ }
  // 省略
}
```

constructor 内で storage プロパティにlocalStorageを代入しています。localStorage は window オブジェクトからアクセスできるので、localStorage と記述することでそのまま取得できます。

この状態で画面を更新してconsoleを見てみましょう。localStorageオブジェクトが表示されるのがわかります。今の状態だとlocalStorageの中身は空なので、length: 0 という情報だけが確認できます。

ただ、localStorageはオリジンごとにデータを保存するものなので、もし以前に localhost :3000 でサーバを立てて開発をしていて、localStorageを使用していた場合にはそのデータが残ってしまっている可能性もあります。その場合は、開発者ツールでlocalStorageのデータを削除してください。localStorageのデータを削除するやり方はブラウザによって違うので、調べてみてください。

▶ タスクを作成・削除したときのデータの保存

次に、実際にlocalStorageにデータを保存していきましょう。

SAMPLE CODE ts/TaskCollection.ts

```
  import { Status, Task } from './Task'

+ const STORAGE_KEY = 'TASKS'
+
  export class TaskCollection {
  // 省略
  add(task: Task) {
    this.tasks.push(task)
+    this.updateStorage()
  }

  delete(task: Task) {
    this.tasks = this.tasks.filter(({ id }) => id !== task.id)
+    this.updateStorage()
  }
```

```
  // 省略

+
+ private updateStorage() {
+   this.storage.setItem(STORAGE_KEY, JSON.stringify(this.tasks))
+ }
}
```

　updateStorage というプライベートメソッドを追加しました。

　localStorageはオブジェクトの形式でデータを管理するので、setItem メソッドにオブジェクトのキーとなる文字列を渡します。また、オブジェクトのバリューとなる値には文字列しか渡すことができません。試しにVS Code上で setItem にマウスオーバーをしてみると第1引数と第2引数にはstring型しか渡せないことがわかるかと思います。そのため、文字列以外の値を保存したい場合は JSON.stringify で文字列に変換してから保存します。

　今回の実装では、updateStorage が呼ばれるたびに、localStorageの STORAGE_KEY のキーに対して tasks を上書きする形にしています。 add と delete メソッドの最後に updateStorage を呼ぶことで、作成・削除が行われるとlocalStorageのデータが書き換わるようになっています。

　では実際に挙動を確認してみましょう。画面を更新して、タスクを作成した上で再度画面を更新してみてください。

　consoleにlocalStorageの状態が表示されているのがわかります。 TASKS というキーに対して、配列が文字列化された値が入っています。文字列になっているのでわかりにくいかと思いますが、先ほど追加したタスクが入っています。

▶アプリ起動時のデータの取得

　現状はまだlocalStorageに値が入ってたとしても画面表示時にタスク一覧が表示されることはありません。アプリが起動した際にlocalStorageからデータを取得して、それを画面に反映させる処理を実装していきましょう。

SAMPLE CODE ts/TaskCollection.ts

```
export class TaskCollection {
  private readonly storage
- private tasks: Task[] = []
+ private tasks

  constructor() {
    this.storage = localStorage
-   console.log(this.storage)
+   this.tasks = this.getStoredTasks()
  }

  // 省略

+
+ private getStoredTasks(): Task[] {
```

SECTION-019 TODOアプリの機能を作り込んでみよう

```
+     const jsonString = this.storage.getItem(STORAGE_KEY)
+
+     if (!jsonString) return []
+
+     console.log(jsonString)
+     return []
+ }
  }
```

getStoredTasks というプライベートメソッドを追加しました。まだメソッドの中身は実装していませんが、このメソッドはタスクの配列を返します。現状は空の配列しか返していないので明示的に Task[] という型を返すということを定義しています。

そして getStoredTasks を constructor で呼び出して this.tasks に入れています。これで、アプリ起動時に TaskCollection の tasks にlocalStorageの値を入れる準備ができました。

画面を更新してconsoleを見てみましょう。先ほど追加したタスクをlocalStorageから取得できていることがわかります。しかしまだ取得した値はstring型になってしまっているので、アプリ内で使用できる形にフォーマットしていきましょう。

SAMPLE CODE ts/TaskCollection.ts

```
export class TaskCollection {
  // 省略

- private getStoredTasks(): Task[] {
+ private getStoredTasks() {
    const jsonString = this.storage.getItem(STORAGE_KEY)

    if (!jsonString) return []

-   console.log(jsonString)
-   return []
+   try {
+     const storedTasks: any[] = JSON.parse(jsonString)
+     const tasks = storedTasks.map((task) => new Task(task))
+
+     console.log(tasks)
+     return tasks
+   } catch {
+     this.storage.removeItem(STORAGE_KEY)
+     return []
+   }
  }
}
```

localStorageの値を文字列から配列に変換するための処理を実装しています。

まずは `jsonString` に対して `JSON.parse` で配列に変換しています。

ただ、`JSON.parse` は渡した文字列によっては変換に失敗してエラーが発生してしまう可能性があるので、`try` でエラーをキャッチできるようにしています。エラーが発生した場合はそのlocalStorageの値は不正な値になってしまっているということなので、localStorageの `remove Item` メソッドを使ってその値自体を削除してしまって、空の配列を返すようにしています。

また、ここでメソッドの返り値の型定義を `Task[]` としていた部分を削除しています。これは、`tasks` を返す処理を追加したことによって、`getStoredTasks` の返り値は `Task[]` であるということが推論できるようになったため、明示的に型定義を書く必要がなくなったためです。

▶「JSON.parse」の問題点

ここで `JSON.parse` の問題が2つ出てきます。

1つ目は、`JSON.parse` は `any` を返すメソッドであるという点です。localStorageはブラウザからユーザによる手動変更も可能で、どんな値が入っているのかわからないので `any` にせざるを得ないのですが、そのためにこちら側で明示的に型を指定する必要があります。しかし手動変更が可能であるために、開発者が想定していないデータが入ってきてしまうこともありえます。型を明示的に指定したとしても、実行時に意図した形のデータが取得できる保証はありません。

今回は配列であることだけを明示したいので `any[]` と型定義しましたが、これはあまり安全とはいえないので、後ほど修正します。

2つ目は、一度、localStorageに入れた `Task` は取り出した後は `Task` インスタンスではなく `Task` オブジェクトになってしまっている、という点です。

これは `tasks` を文字列に変換した上で再度取り出して配列に変換しているので、そこで `Task` インスタンスとしての文脈は失われてしまいます。オブジェクトとしてのキーバリューである `id`、`title`、`status` は残りますが、`Task` クラスのメソッドは呼び出せない状態になってしまいます。

そのため実装では、取得した `storedTasks` の配列をループさせて1つひとつ `Task` のインスタンスに変換しています。

▶取得したタスクデータのステータスの反映

ここで、もう一度、ブラウザに戻りましょう。ページをリロードしてconsoleを確認すると、先ほど作成したタスクが `Task` インスタンスの配列として確認できます。

しかし、現状だと、consoleに表示されている `Task` インスタンスの `status` はすべて「TODO」になってしまっています。仮に作成したタスクを「DOING」に移動した状態で画面を更新して再度、consoleを確認しても、そのタスクの `status` が「TODO」のままです。

これは、`Task` のインスタンスを作る際に、実際の `status` の値を見ていないことが原因なので、`ts/Task.ts` を修正します。

SAMPLE CODE ts/Task.ts

```
// 省略
export class Task {
  readonly id
  title
- status: Status
+ status

- constructor(properties: { title: string }) {
+ constructor(properties: { id?: string, title: string, status?: Status }) {
-   this.id = uuid()
+   this.id = properties.id || uuid()
    this.title = properties.title
-   this.status = statusMap.todo
+   this.status = properties.status || statusMap.todo
  }

  // 省略
}
```

　既存のタスク作成時の **Task** のインスタンス化の処理に影響が出ないように、オプショナル
で **id** と **status** も **constructor** に渡せるようにしています。オプショナルな値が渡された
ときはそちらを使用し、渡されなかった場合はデフォルト値が入る実装になりました。

　これで無事にもとのタスクの **status** が反映された値を取得できるようになりました。

▌ Assertion Functions

　先ほど **storedTasks** を **any[]** として型定義しましたが、たとえばユーザーがブラウザ
のlocalStorageを手動で変更して、タスクのオブジェクトとして成り立たない形に変わってしまっ
ていた場合、表示がおかしくなってしまったりエラーが発生してアプリが止まってしまう可能性
があります。 **any[]** として扱ってしまうと、これらの状況に対して型のレイヤーで対応すること
ができません。

　ここでは、localStorageから取り出した値が正しい値であることを確認し、正しい値だった
場合は適切な型を与える、という実装をしていきます。

　TypeScriptにはそれを実現するための機能があります。それがAssertion Functionsです。

　Assertion Functionsは、その関数に値を渡すことで、それ以降のコードでその値の型
を定義できる関数です。 **as** を使った型アサーションとの違いとして、無理やり型を指定する
のではなく、その値が指定された型として実際に正しいかどうかの確認も含めて行えるのでラ
ンタイムでも安全なコードであることを保証できるという点があります。

　例を見ながら解説していきます。たとえば、引数として渡された値の型がわからないが、文
字列の場合のみ **toUpperCase** をしたい関数を実装する場合を想定します。

```
function toUpper(value: any) {
  return value.toUpperCase()
}
```

当然、この状態では **value** がstring型かどうかわからないので **toUpperCase** を呼び出している箇所でランタイムエラーが発生する可能性があります。これを安全に動くコードにするには、次のように修正します。

```
function toUpper(value: any) {
  if (typeof value !== 'string') {
    throw new Error('value is not a string.')
  }

  return value.toUpperCase()
}
```

これで、無事に想定通りの実装ができました。
しかし、このような処理が複数の箇所で必要になった場合に、そのたびにこの **if** 文を書くのはなかなか大変そうです。また、プリミティブな型であればこのやり方でも問題ないですが、条件が複雑になったり、開発者が定義した型として扱いたい場合はこのやり方だとコードが複雑になってしまいます。

そのような場合にAssertion Functionsを使うとスマートに解決できます。

Assertion Functionsは **asserts T is U** という構文を使うことで、その関数内でエラーが発生しなかった場合は、この関数の呼び出し箇所以降のコードでの型を **U** として扱えるようになる構文です。

```
function toUpper(value: any) {
  assertIsString(value)

  return value.toUpperCase() // value の型が string になる
}

function assertIsString(value: any): asserts value is string {
  if (typeof value !== 'string') {
    throw new Error('value is not a string.')
  }
}
```

if 文で書いていた部分をAssert Functionsに移行しています。 **toUpper** 関数の中身がシンプルになりました。今回はシンプルな実装のため、メリットがわかりにくいかもしれませんが、この **assertIsString** は他の場所でも使い回すことができますし、より複雑な条件の上でユーザーが定義した型として指定したい場合は複雑な処理を外に逃がすことができるので可読性が高まります。

　では実際にAssertion Functionsを使ってTODOアプリのコードを改善していきましょう。まずは **Task** クラスに渡された値が **Task** のオブジェクトとして正しい形かどうか確認する静的メソッドを実装します。

SAMPLE CODE ts/Task.ts

```
- import { v4 as uuid } from 'uuid'
+ import { v4 as uuid, validate } from 'uuid'

// 省略

export class Task {
  // 省略

+ static validate(value: any) {
+   if (!value) return false
+   if (!validate(value.id)) return false
+   if (!value.title) return false
+   if (!Object.values(statusMap).includes(value.status)) return false
+
+   return true
+ }
}
```

　静的メソッドとして使用したいので **static** で宣言しています。ここで判定している条件は次の4つです。

- 「value」変数に値があること(「null」や「undefined」ではない)
- 「value.id」がUUIDとして正しい値であること(uuidパッケージの「validate」メソッドを使用)
- 「value.title」が存在すること
- 「value.status」が「TODO」か「DOING」か「DONE」であること

　これらの条件を満たす場合のみ、**Task** オブジェクトとして **valid** であるという実装にしています。
　ではこれを使って、Assertion Functionsを実装していきます。

SAMPLE CODE ts/Task.ts

```
// 省略

export type Status = typeof statusMap[keyof typeof statusMap]
+
+ export type TaskObject = {
+   id: string
+   title: string
+   status: Status
+ }

// 省略
```

SAMPLE CODE ts/TaskCollection.ts

```
- import { Status, Task } from './Task'
+ import { Status, Task, TaskObject } from './Task'

const STORAGE_KEY = 'TASKS'

export class TaskCollection {
  // 省略
  private getStoredTasks() {
    // 省略

    try {
-     const storedTasks: any[] = JSON.parse(jsonString)
+     const storedTasks = JSON.parse(jsonString)
+
+     assertIsTaskObjects(storedTasks)
+
      const tasks = storedTasks.map((task) => new Task(task))

-     console.log(tasks)
      return tasks
    } catch {
      // 省略
    }
  }
}
+
+ function assertIsTaskObjects(value: any): asserts value is TaskObject[] {
+   if (!Array.isArray(value) || !value.every((item) => Task.validate(item))) {
+     throw new Error('引数「value」は TaskObject[] 型と一致しません。')
+   }
+ }
```

assertIsTaskObjects というAssertion Functionsを定義しています。ここでは、渡された value が配列であること、そしてその配列の要素すべてが Task.validate で true を返すことを条件としています。

つまり、与えられた value の配列の中身がすべてタスクとして正しい形になっていれば、それ以降のコードではその値はタスクオブジェクトの配列であるという定義をしています。

これによって、any[] として型定義していた箇所を消すことができ、型としてもランタイムでも安全なコードに変更できました。

もしlocalStorageの値が手動で変更されてinvalidなデータになってしまったとしても、Assertion Functionsがエラーを発生させるので、それを catch して空の配列を返すようになっているので、アプリは問題なく動くようになります。

このように、信頼できないデータが渡される場合はAssertion Functionsを使うと as を使うことなく安全に型を絞ることができるので、積極的に使っていくことをおすすめします。

1点、注意することとして、Assertion Functionsは関数内で条件に一致しなかった場合は例外を投げることになるので、必ずエラーハンドリングの処理を用意する必要があります。

■ アプリ起動時のタスク一覧の表示

ではいよいよ、アプリ起動時に `TaskCollection` の `tasks` の中にあるデータを画面に表示する処理を実装していきます。

すでにlocalStorageから値を取得して `TaskCollection` の `tasks` にはデータが入っている状態なので、それを画面に反映させるだけになります。

SAMPLE CODE ts/TaskRenderer.ts

```
import dragula from 'dragula'

import { Status, Task, statusMap } from './Task'
+ import { TaskCollection } from './TaskCollection'

export class TaskRenderer {
  // 省略
+
+ renderAll(taskCollection: TaskCollection) {
+   const todoTasks = this.renderList(taskCollection.filter(statusMap.todo), this.todoList)
+   const doingTasks = this.renderList(taskCollection.filter(statusMap.doing), this.doingList)
+   const doneTasks = this.renderList(taskCollection.filter(statusMap.done), this.doneList)
+
+   return [...todoTasks, ...doingTasks, ...doneTasks]
+ }

  // 省略

+ private renderList(tasks: Task[], listEl: HTMLElement) {
+   if (tasks.length === 0) return []
+
+   const taskList: Array<{
+     task: Task
+     deleteButtonEl: HTMLButtonElement
+   }> = []
+
+   tasks.forEach((task) => {
+     const { taskEl, deleteButtonEl } = this.render(task)
+
+     listEl.append(taskEl)
+     taskList.push({ task, deleteButtonEl })
+   })
+
+   return taskList
+ }
+
```

▼

```
// 省略
}
```

TaskRenderer に renderAll メソッドと、プライベートメソッドである renderList を実装しました。

renderList では、渡された tasks のそれぞれのタスクインスタンスを使って、すでに実装されている renderTask を呼び出してタスクのHTML 要素を生成しています。生成した要素を渡された listEl に append していて、この時点で画面に要素が表示されます。

しかしそれだけでは、ここで追加された要素の「削除」ボタンをクリックしても削除処理が行われません。ここで追加した deleteButtonEl に対してイベントハンドラを登録する必要があるので、それができるように Task インスタンスと deleteButtonEl をまとめたオブジェクトの配列を返しています。

そして renderAll で、「TODO」「DOING」「DONE」のそれぞれのリストに対して render List を呼び出して、画面への描画を行った後、返ってきた配列をまとめて1つの配列にして返しています。

SAMPLE CODE ts/index.ts

```
// 省略
class Application {
  // 省略

  start() {
+   const taskItems = this.taskRenderer.renderAll(this.taskCollection)
    const createForm = document.getElementById('createForm') as HTMLElement
    const deleteAllDoneTaskButton = document.getElementById('deleteAllDoneTask') as HTMLElement

+
+   taskItems.forEach(({ task, deleteButtonEl }) => {
+     this.eventListener.add(task.id, 'click', deleteButtonEl,
+                       () => this.handleClickDeleteTask(task))
+   })

    this.eventListener.add('submit-handler', 'submit', createForm, this.handleSubmit)
    this.eventListener.add('click-handler', 'click', deleteAllDoneTaskButton,
                      this.handleClickDeleteAllDoneTasks)

    this.taskRenderer.subscribeDragAndDrop(this.handleDropAndDrop)
  }

  // 省略
}
```

ts/index.ts で taskRenderer.renderAll を呼び出して返ってきたそれぞれの deleteButtonEl に対して、タスクの作成時と同じように削除のイベントハンドラを登録しています。

これで初期表示時に存在するタスクの一覧で削除ボタンが動くようになります。

試しに、いくつかのタスクを追加した上でページをリロードしてみてください。作成したすべてのタスクが「TODO」レーンに残っていることがわかります。

▶タスクを並び替えたときのデータの保存

ここまででほとんどの機能が完成したように見えますが、実際に画面を動かしてみると、まだ1つ問題が残っています。

今のままだと作成した複数のタスクに対してドラッグ&ドロップによって順番を変えて、再度ページをリロードすると、順番を変える前の状態に戻ってしまうのです。

実際のユースケースを考えると、タスクを優先度順に並び替えて管理することはありそうなので、これは実現したいところです。

では早速この問題を解決できるようにコードを修正していきましょう。

SAMPLE CODE ts/TaskCollection.ts

```
export class TaskCollection {
  // 省略

+
+ moveAboveTarget (task: Task, target: Task) {
+   const taskIndex = this.tasks.indexOf(task)
+   const targetIndex = this.tasks.indexOf(target)
+
+   this.changeOrder(task, taskIndex, taskIndex < targetIndex ? targetIndex - 1 : targetIndex)
+ }
+
+ moveToLast(task: Task) {
+   const taskIndex = this.tasks.indexOf(task)
+
+   this.changeOrder(task, taskIndex, this.tasks.length)
+ }
+
+ private changeOrder(task: Task, taskIndex: number, targetIndex: number) {
+   this.tasks.splice(taskIndex, 1)
+   this.tasks.splice(targetIndex, 0, task)
+   this.updateStorage()
+ }
  // 省略
}
```

moveAboveTarget と **moveToLast** という2つのメソッド、そして **changeOrder** というプライベートメソッドを実装しました。

中身は配列の操作でしかないので詳しい解説はしませんが、対象となるタスクを、ターゲットとなるタスクの前に移動させるメソッドと、リストの最後に移動するメソッドで別れているということだけ注意してください。

また、どちらのメソッドからも呼ばれている **changeOrder** で実際に順番を変更していて、その後、新しい **tasks** の状態でlocalStorageの値を上書きしています。

ではこれらのメソッドを **ts/index.ts** から呼び出してみましょう。

SAMPLE CODE ts/index.ts

```
class Application {
  // 省略

  private handleDropAndDrop = (el: Element, sibling: Element | null, newStatus: Status) => {
    // 省略

    task.update({ status: newStatus })
    this.taskCollection.update(task)

-   console.log(sibling)
+   if (sibling) {
+     const nextTaskId = this.taskRenderer.getId(sibling)
+
+     if (!nextTaskId) return
+
+     const nextTask = this.taskCollection.find(nextTaskId)
+
+     if (!nextTask) return
+
+     this.taskCollection.moveAboveTarget (task, nextTask)
+   } else {
+     this.taskCollection.moveToLast(task)
+   }
  }
}
```

これまで放置していたdragulaライブラリが返す **sibling** という値を使用して条件分岐をしています。 **sibling** はドラッグ&ドロップした要素の直後にある兄弟要素のことでした。型としては **Element | null** が入ります。

sibling が存在する場合は、**sibling** の **id** を取得してそれを **taskCollection.moveAboveTarget** のターゲットとなるタスクとして扱います。 **sibling** が存在しない場合は、対象となるタスクをリストの最後に移動します。

さて、この状態で画面を更新して、さまざまなタスクを追加して自由にレーンの移動を行った後、画面を再度、更新してみてください。最後のタスクの状態が正しく再現できるようになったことがわかるかと思います。

以上で、タスクの永続化と、それに伴うタスクの順番の制御の実装は完了です。そしてこれにて、最初に定めたTODOアプリの仕様はすべて実装できました。

コードをブラッシュアップさせよう

　前節までで最初に定めた仕様はすべて実現できました。しかし、現状は機能の実装ができただけで、コードの質を考えてみると、まだまだそこまで目を向けられていない状況です。

　今の状態だと、自分以外の人がこのコードに触るときや、何カ月後かに自分がこのコードに触るとき、また、新たな機能を追加実装するときなどに、コードの読解に迷ったり、大幅な変更を入れなければいけなくなる可能性があります。

　ここでは、そのような状況をできるだけ避けられるように、既存のコードをブラッシュアップさせていきましょう。

▓ ロジックのリファクタリング

　167ページで `EventListener` クラスの `add` メソッドを実装するとき、登録したイベントを後で削除可能にするために、`listenerId` を引数として渡すようにしました。

　しかしここまで実装する中で気付いた方もいるかもしれませんが、アプリの生存期間の中で削除する必要がないイベントも実は存在します。

　たとえば、今回のTODOアプリで、常にページ上に表示されている、タスクを追加するための編集フォームの `submit` イベントや一括削除を行うためのボタンの `click` イベントなどはそれに該当します。そのような場合、削除する必要がないのにわざわざ削除のために必要な `listenerId` を渡さなければいけないのは面倒です。

　ここは、削除する必要があるものは `listenerId` を渡し、そうでないものは `listenerId` を渡さずに `add` メソッド側で自動的にIDを採番してくれるようにしたいところです。

　この挙動を実現できるよう改善していきましょう。

SAMPLE CODE ts/EventListener.ts

```
+ import { v4 as uuid } from 'uuid'

// 省略

export class EventListener {
  private readonly listeners: Listeners = {}

- add(listenerId: string, event: string, element: HTMLElement, handler: (e: Event) => void) {
+ add(event: string, element: HTMLElement, handler: (e: Event) => void, listenerId = uuid()) {
    // 省略
  }

  // 省略
}
```

listenerId: string を listenerId = uuid() に変更しています。 listenerId をオプショナルな引数にして、もし値が渡されなかった場合はuuidが発行したランダムな文字列が自動的に listenerId に入ります。

オプショナルな引数を意味する ? がありませんが、引数にデフォルト値を与えると、Type Scriptでは自動でその引数をオプショナルに変更する仕様でした。

そして、 listenerId がオプショナルになったので、第1引数から第4引数へと移動しています。最後の引数以外の引数がオプショナルになってしまうと、その引数を渡さない場合に明示的に undefined を渡さなければならなくなってしまうからです。

この変更によって、 EventListener クラスの add メソッドのインターフェースが変更されたので、 add メソッドを使用していた箇所でコンパイルエラーが発生するようになりました。ターミナルを確認すると、4箇所でエラーが発生していることがわかります。

エラーが発生している箇所を直していきましょう。 ts/index.ts を修正していきます。

SAMPLE CODE ts/index.ts

```
// 省略

class Application {
  // 省略

  start() {
    // 省略

    taskItems.forEach(({ task, deleteButtonEl }) => {
-     this.eventListener.add(task.id, 'click', deleteButtonEl,
-                           () => this.handleClickDeleteTask(task))
+     this.eventListener.add('click', deleteButtonEl, () => this.handleClickDeleteTask(task),
+                           task.id)
    })

-   this.eventListener.add('submit-handler', 'submit', createForm, this.handleSubmit)
-   this.eventListener.add('click-handler', 'click', deleteAllDoneTaskButton,
-                         this.handleClickDeleteAllDoneTasks)
+   this.eventListener.add('submit', createForm, this.handleSubmit)
+   this.eventListener.add('click', deleteAllDoneTaskButton,
+                         this.handleClickDeleteAllDoneTasks)

    this.taskRenderer.subscribeDragAndDrop(this.handleDropAndDrop)
  }

  private handleSubmit = (e: Event) => {
    // 省略
    this.eventListener.add(
-     task.id,
-     'click',
```

▼

```
-     deleteButtonEl,
-     () => this.handleClickDeleteTask(task),
+     'click',
+     deleteButtonEl,
+     () => this.handleClickDeleteTask(task),
+     task.id,
    )

    titleInput.value = ''
  }

  // 省略
}

// 省略
```

タスク作成時の submit イベントと、タスク一括削除ボタンの click イベントの2つに対しては、listenerId として渡していた文字列を削除して、引数を3つにしています。

また、アプリケーション起動時とタスク追加時のタスク個別の削除ボタンの click イベントの2つに対しては、listenerId として渡している task.id を引数の最後に移動しています。

これでエラーが解消されコンパイルが成功しました。ブラウザで全体的に挙動を確認して、動作が壊れていないことを確認しておきましょう。これで、削除する必要がないイベントの場合は引数が減り、シンプルに登録ができるようになりました。

今回は、EventListener クラスの add メソッドのリファクタリングを行いました。インターフェースが変わったことで、add メソッドを使用していた場所すべてでコンパイルエラーが発生するようになりました。

このように、TypeScriptは型レベルで安全性を担保するので、リファクタリングによって意図せずバグが発生してランタイムでアプリが止まってしまうということを防いでくれます。

■ 型定義の厳密化

次に、EventListener クラスのリファクタリングを行います。

EventListener クラスのイベントの登録・削除を簡易にするという役割としては、今のままでも十分ではあるのですが、addEventListener や removeEventListener のラッパークラスとしてより厳密な型定義をするのであれば、イベントハンドラの第1引数に入ってくる値は、指定したイベント名に沿った Event オブジェクトであるとより良いといえるのではないでしょうか。

詳しく例を説明します。次のサンプルコードでは、まったく同じ処理を EventListener クラスの add メソッドと、HTML要素の addEventListener の2つの方法を使って実装しています。

```
const eventListener = new EventListener()
const button = document.getElementById('button')

if (!button) return

eventListener.add('click', button, (e) => console.log(e)) // e: Event
button.addEventListener('click', (e) => console.log(e)) // e: MouseEvent
```

eventListener.add のイベントハンドラの引数の e の型は Event ですが、addEvent
Listener のイベントハンドラの引数の e の型は MouseEvent になっています。 Mouse
Event 型は Event 型を継承したより詳細な型で、イベントオブジェクトの中でも特にマウス操
作によって発生するイベントの型を表しています。

ここでは、eventListener.add のコールバックの型が addEventListener のコー
ルバックと同じになるように修正してみましょう。このために、新たにTypeScriptの機能を解説
していきます。

■ Conditional Types

新しく解説する機能はConditional Typesと呼ばれる、型定義における条件分岐を実現
するための機能です。まずは構文を確認してみましょう。

```
type Condition<T, U, X, Y> = T extends U ? X : Y
```

T が U に代入可能であれば X の型に、そうでなければ Y の型になるということを表して
います。JavaScriptの三項演算子と同じ記法なのでわかりやすいのではないでしょうか。

より具体的な使い方を見ていきましょう。

```
type MessageOf<T> = T extends { message: unknown } ? T['message'] : never

interface Email {
  message: string
}

interface Dog {
  bark(): void
}

type EmailMessage = MessageOf<Email> // string
type DogMessage = MessageOf<Dog> // never
```

このように、ジェネリクスで渡された型に対して条件分岐をして新たな型を返すような使い方
がよく使われます。

上記の例では、Email は message を持っているので、message の型が EmailMess
age に入りますが、Dog は message を持っていないので DogMessage には never が入
ります。

　Conditional Typesを使う機会はそこまで多くはないのでなかなか上手い使い方が想像しにくいとは思いますが、多くのアプリから利用されるようなライブラリでは多様なユースケースに応えるためにジェネリクスと併用して使われることが多いので、ライブラリのコードを読み解くためにも覚えておきましょう。

　ちなみにunknown型という型もここで初めて出てきました。unknown型は、any型と同じようにどのような値でも代入できる型です。

　ではany型と何が違うかというと、any型として扱われる値はどんな型の値でも許容して使用できるのに対して、unknown型はどんな型の値でも許容はするが使用はできない状態になります。unknown型の値にアクセスしようとするとコンパイルエラーになります。

　つまり「この値はどのような型が入ってくるかわからないので使用しない」ということを明示できます。

　今回の例では、**MessageOf** というConditional Typesの型の中では **message** はどのような型でもよく、またそれ自体は使用せず、**message** というキーを持つオブジェクトであることだけが担保できればよいので、unknown型を使用しています。

　もう少し具体的なunknown型の用途として、何かの値をパースした結果や、外部のAPIのレスポンスなど、確実に型を保証できないデータに対して指定する場合が多いです。

　そのような値にいったんunknown型を指定することで、その変数を使用することを禁止して、使用したい場合はConditional Typesや **typeof** などの機能で型を絞り込むことを強制します。

　このようにany型よりも使うのが面倒だが安全である、というのがunknown型の特徴です。

▌▌▌型定義の改善

　EventListener クラスを改善するために、先ほど解説したConditional Typesと、185ページで出てきた **keyof** を組み合わせて使用します。

　今回の **EventListener** クラスの実装では、**lib.dom.d.ts** に定義されている **HTMLElementEventMap** というinterfaceから **keyof** でプロパティ名を取り出すということをします。

　HTMLElementEventMap とは、HTML要素に対して起き得るイベントの名前とそのイベントが起きた際にハンドラに渡されるイベントオブジェクトのマッピングを定義している型です。

　HTMLElementEventMap の型定義を説明しやすいように省略したものを見てみましょう。

```
interface HTMLElementEventMap {
  click: MouseEvent
  focus: FocusEvent
  submit: Event


  // 省略
}


type eventObject = HTMLElementEventMap['click'] // MouseEvent
```

このように、**click** や **submit** など、ユーザ操作によって発生するイベント一覧が並べら
れています。この **HTMLElementEventMap** を使って **EventListener** クラスの型定義を
改善していきます。

では **ts/EventListener.ts** を変更してみましょう。

SAMPLE CODE ts/EventListener.ts

```
import { v4 as uuid } from 'uuid'
+
+ type Handler<T> = T extends keyof HTMLElementEventMap
+   ? (e: HTMLElementEventMap[T]) => void
+   : (e: Event) => void

type Listeners = {
  [id: string]: {
    event: string
    element: HTMLElement
-   handler: (e: Event) => void
+   handler: Handler<string>
  }
}

export class EventListener {
  private readonly listeners: Listeners = {}

- add(event: string, element: HTMLElement, handler: (e: Event) => void, listenerId = uuid()) {
+ add<T extends string>(event: T, element: HTMLElement, handler: Handler<T>,
+                       listenerId = uuid()) {
    this.listeners[listenerId] = {
      event,
      element,
      handler,
    }

    element.addEventListener(event, handler)
  }

  // 省略
}
```

まずは新たに追加された **Handler** 型を見ていきます。

T が **'click'** や **'focus'** など、DOMのイベントとして定義されている値(= **keyof HTMLElementEventMap**)だった場合は、**MouseEvent** や **FocusEvent** など、そのイベントにあったイベントオブジェクト(= **HTMLElementEventMap[T]**)を引数に持った関数を返します。

たとえば、**T** が **'focus'** だった場合、**HTMLElementEventMap[T]** は **HTMLElementEventMap['focus']** となり、**FocusEvent** になります。条件に一致しない場合はより汎用的な **Event** のオブジェクトを引数に持った関数を返します。

add メソッドの引数の型も変更されています。これまで **handler** 引数の型定義は **(e: Event) => void** でしたが、**Handler<T>** に変わっています。ここで渡している **T** はジェネリクスで、**event** 引数に渡されている値から推論される型になります。

たとえば、**add** メソッドの第1引数である **event** に **'click'** が渡された場合は、**handler** 引数の型は **Handler<'click'>** となり、**Handler** 型のConditional Typesのロジックに照らし合わせて最終的に **(e: MouseEvent) => void** を返します。

Listeners 型の **handler** の型も **(e: Event) => void** から **Handler<string>** に変更しています。**Handler** に **string** を渡してしまうと、型は常に **(e: Event) => void** になってしまいますが、この部分は **listeners** にオブジェクトを格納する際に型の整合性を持たせるための修正であるため、**EventListener** クラスを使用する側には影響がない変更になります。

それでは実際に **EventListener** クラスを使用する側でより厳密に型を扱えるようになったのかを確認してみます。確認のために一時的に **ts/index.ts** の実装を変更します。

SAMPLE CODE ts/index.ts

```
// 省略

class Application {
  // 省略

  start() {
    // 省略

-   this.eventListener.add('click', deleteAllDoneTaskButton,
-                          this.handleClickDeleteAllDoneTasks)
+   this.eventListener.add('click', deleteAllDoneTaskButton,
+                          (e) => this.handleClickDeleteAllDoneTasks())

    // 省略
  }
}

// 省略
```

　一括削除ボタンのイベントを監視している部分で、**add** メソッドの第3引数のイベントオブジェクトを取り出すようにしています。この状態で **e** にマウスカーソルを乗せると、**MouseEvent** として推論されていることがわかります。

　このイベントオブジェクトは、これまでは **Event** 型として扱われていた部分なので、より詳細に絞られた型定義に変わりました。試しに **'click'** を **'focus'** や **'drag'** に変えてみると、**e** の型がイベント名に合わせて変更されることが確認できます。

　確認ができたら、**ts/index.ts** は元の状態に戻しておきましょう。

　以上でアプリのブラッシュアップも含めて実装は全て完了です。最後は複雑な実装の話になりましたが、このように TypeScript の機能を駆使すれば、より柔軟な型定義にも対応できます。

まとめ

以上で本章で作るTODOアプリは完成しました。

本章では、TypeScriptをブラウザで動かすための環境構築から始め、TODOアプリの実装を通してブラウザのAPIの型や発展的なTypeScriptの使い方について学んできました。

これまでの章と比べるとTypeScriptの機能を新しく学ぶというよりは、ブラウザの世界でどのようにTypeScriptを扱うのか、ということに焦点を当てて解説しました。

また、ある程度のコード量のアプリを開発する上で、型情報が存在することで機能の追加やリファクタリングが安全にできることがわかったかと思います。

ここまで学んできたことを使えば、大概のアプリはTypeScriptで実装することが可能になっているはずです。後は実践を積み重ねて、その中でより詳しく知る必要が出てきた部分をTypeScriptの公式サイトで調べるということの繰り返しになるので、ぜひ色々なアプリをTypeScriptで作ってみてください。

最後に、せっかくここまで実践的なアプリ開発の環境を作ったので、webpackを使って今回作ったアプリを本番用の設定でビルドしてみましょう。

本番用ビルド設定の追加

では最後の作業として、webpackの本番用ビルドの設定を作っていきましょう。

とはいえ、本番用のビルドは開発用のビルドと何が違うのでしょうか?実際に違いが出る部分は、開発しているアプリによって異なりますが、よくあるものでいうと次のようなものがあります。

- 本番環境に不要な記述を削除する
- 本番環境用の環境変数を仕込む
- ビルド後のJavaScriptを圧縮する
- ビルド後のJavaScriptのファイル名にハッシュを付与する

今回は、簡単ではありますが、ビルド後のJavaScriptを圧縮するような設定を作って実際に本番用ビルドを行ってみましょう。

▶ webpackの設定ファイルの変更

webpackでファイルを圧縮する方法はさまざまありますが、今回は最もシンプルなやり方で圧縮してみましょう。

まずは、`package.json` を次のように変更します。`NODE_ENV` の環境変数に `'production'` という文字列が渡されていることに注目してください。

SAMPLE CODE package.json

```
{
  // 省略
  "scripts": {
```

```
   "dev": "webpack -w,
-  "build": "webpack",
+  "build": "NODE_ENV=production webpack",
   "serve": "serve ./ -p 3000"
 },
 // 省略
}
```

そして、**webpack.config.js** を次のように変更します。

SAMPLE CODE webpack.config.js

```
// 省略

module.exports = {
- mode: 'development',
+ mode: process.env.NODE_ENV || 'development',
  // 省略
}
```

mode の値が **process.env.NODE_ENV || 'development'** に変更されています。**process.env.NODE_ENV** には、**npm run build** を実行した場合は **'production'** という文字列が入ってくることになります。

mode に **'production'** を設定することで、ビルド後のJavaScriptファイルを圧縮してくれるようになります。

webpackには他にもさまざまな設定があり、自分で細かくカスタマイズすることもできますが、今回はこのプロダクションモードの機能に頼って最も簡単な形で圧縮を行います。

▶ 本番用ビルドの実行

これから本番用のビルドコマンドを実行しますが、その前に現状のビルドだとJavaScriptがどれくらいのサイズになるのかを確認してみましょう。

次のコマンドを実行してみてください。

```
$ ls -l dist
total 352
-rw-r--r--  1 test  staff  177074  6 13 16:48 index.js
```

出力された **index.js** のファイルサイズは約177キロバイトでした。そもそものアプリがそこまでの規模ではないのと、依存ライブラリも2つだけなので、そこまで大きなサイズではありません。

では次のコマンドを実行して本番用ビルドを行います。

```
$ npm run build
```

ビルドに成功したら、再び次のコマンドを実行してファイルサイズを確認してみましょう。

```
$ ls -l dist
total 296
-rw-r--r--   1 test  staff  150755  6 13 17:15 index.js
```

今度は約150キロバイトでした。20キロバイト分圧縮することができました。

もともとのファイルサイズがそこまで大きくないので大きなインパクトではないですが、たったこれだけのシンプルな変更でファイルサイズを削減できるので、実際に運用するアプリを作成する際はぜひ活用してみましょう。

webpackは非常にできることが多く、プラグインも含めると本当にさまざまなユースケースに対応できるようになります。興味があれば実際に調べてみて、webpackの機能をフルに活用してみてください。

CHAPTER 05

ReactのUIライブラリ
を作ってみよう

　本章では、もう一歩実践的な内容として、Reactを利用した簡単なUIコンポーネントをTypeScriptを使って実装していきます。Reactは、Facebook社がOSSとして公開し、現在盛んに開発・利用されているUI構築のためのJavaScriptのライブラリで、近年多くのアプリケーション開発現場で使用されています。

　Reactコンポーネントのスタイリングにはstyled-componentsというライブラリを使って実装していきます。

　Reactのコンポーネントライブラリを実装していく中で、TypesScriptがどのように使われ、その価値を発揮していくのかに着目してみてください。

　Reactやstyled-componentsが導入されている開発現場にTypeScriptを導入する足がかりになれば幸いです。

　また、本書ではReactやstyled-components自体の詳細な説明は割愛するので、そもそもこれらのライブラリに馴染みのない方は、一度簡単に学んでから読み進めるのがよいかもしれません。

環境構築

ここでは、ReactアプリケーションをTypeScriptで実装していくための準備をしていきます。必要なライブラリの準備とビルド環境の構築をした後、UIコンポーネントを実装していく上で共通して利用される処理を実装し、最小限の機能でReactアプリケーションが動作するところまで実装していきましょう。

▌▌▌ 必要なパッケージのインストール

はじめに、Reactを使ったアプリケーションを実装していくにあたって、必要なライブラリを準備しましょう。

TypeScriptの開発環境の準備や、webpackでのビルドの準備に関しては、前章で解説しているので、こちらでは割愛します。

次のような構成で、開発環境構築に必要なファイルを生成しておきましょう。

```
.
├── src
├── webpack.config.js
├── package.json
└── tsconfig.json
```

package.json は $ npm init -y で作成しましょう。

src は今後実装するファイルを置くディレクトリです。その他のファイルについては、追って記述していくので、現段階では空のファイルで問題ありません。

続いて、TypeScriptとwebpack関連のパッケージをインストールしておきましょう。

```
$ npm install -D typescript@4.3.5 ts-loader@9.2.5 webpack@5.50.0 webpack-cli@4.7.2
```

作成するアプリケーションで直接、利用するものではないですが、動作確認に便利なパッケージもインストールしておきます。

```
$ npm install -D serve@12.0.0
```

▶ React関連のパッケージのインストール

次に、Reactを利用するためのパッケージをインストールしていきましょう。

Reactの本体である**react**パッケージの他に、ReactとDOMを連携させるための機能を提供する**react-dom**パッケージを利用するので、これらをインストールします。**styled-components**もあわせてインストールします。

```
$ npm install react@17.0.2 react-dom@17.0.2 styled-components@5.3.0
```

また、今回はTypeScriptを使って実装していくため、これらの型定義ファイルを利用する必要があります。

```
$ npm install -D @types/react@17.0.17 @types/react-dom@17.0.9 @types/styled-components@5.1.12
```

以上でReactアプリケーションを実装する準備は完了しました。

ビルド設定

ここでは、TypeScriptのビルド設定を行います。 `tsconfig.json` とwebpackの設定は基本的にこれまでの章で実装してきたものと似ていますが、追加で必要な設定もあるので確認していきましょう。

▶「tsconfig.json」の設定

続いて、`tsconfig.json` の設定をしていきます。ファイルに次のように記述します。

SAMPLE CODE tsconfig.json

```json
{
  "compilerOptions": {
    "sourceMap": true,
    "target": "ES2015",
    "lib": ["DOM", "ESNext"],
    "module": "ES2015",
    "esModuleInterop": true,
    "strict": true,
    "forceConsistentCasingInFileNames": true,
    "noFallthroughCasesInSwitch": true,
    "noImplicitReturns": true,
    "noUnusedLocals": true,
    "noUnusedParameters": true,
    "moduleResolution": "node",
    "jsx": "react-jsx",
    "allowJs": true
  }
}
```

`jsx` のオプションに注目してください。ここに `"react-jsx"` を指定することで、TypeScriptがReactのシンタックスを正しく解釈できるようになります。

また、`allowJs` のオプションも付けています。これは `.js` や `.jsx` の拡張子をTypeScript上で扱うためのオプションです。

▶ webpackの設定

`webpack.config.js` に次の設定を追加しましょう。

今回は `entry` ファイルを `src/index.jsx` 、出力を `dist` ディレクトリにしましょう。Reactで利用するために `resolve.extensions` に `.jsx` 拡張子を追加している点と、エントリーポイントとなるファイルの設定 `entry` は前章と異なっている点に注意してください。

SAMPLE CODE src/webpack.config.js

```
'use strict'
const { resolve } = require('path')

module.exports = {
  mode: 'development',
  devtool: 'inline-source-map',
  entry: resolve(__dirname, 'src/index.jsx'),
  output: {
    filename: 'index.js',
    path: resolve(__dirname, 'dist'),
  },
  resolve: {
    extensions: ['.ts', '.js', '.jsx'],
  },
  module: {
    rules: [
      {
        test: /\.(ts|jsx)$/,
        use: {
          loader: 'ts-loader',
        },
      },
    ],
  },
}
```

▶ npm scriptsの準備

最後に、ビルドに利用するnpm scriptsを **package.json** に追加しておきましょう。

dev コマンドでファイルの変更を監視して、変更時に自動でビルドが実行されるようにしておきます。また、前章と同じように、localhostで開発中のアプリケーションの動作を確認できるように、**serve** コマンドを追加しています。

SAMPLE CODE package.json

```
{
  // 省略
  "scripts": {
    "build": "webpack",
    "dev": "webpack -w",
    "serve": "serve ./"
  }
}
```

Reactアプリケーションを実行する準備

本格的にReactアプリケーションの実装を始める前に、必要なHTMLの準備と、UIライブラリを実装していくひな形を準備しておきましょう。

▶ Reactアプリケーションのひな形の作成

Reactアプリケーションをビルドするための環境を整えたところで、実際に作成したアプリケーションをブラウザ上で実行できるように準備していきましょう。

次のようなHTMLファイル index.html を作成しておきます。

SAMPLE CODE index.html

```
<html>
  <body>
    <div id="app"></div>

    <script src="dist/index.js"></script>
  </body>
</html>
```

id="app" 属性を持つ div 要素はReactのレンダリングの対象となる要素です。JavaScriptファイルの読み込みパスは、webpackの出力先である dist/index.js となっています。

続いてwebpackのエントリーポイントとなるファイル src/index.jsx を作成していきます。

SAMPLE CODE src/index.jsx

```
import ReactDOM from 'react-dom'

import { App } from './App'

ReactDOM.render(<App />, document.getElementById('app'))
```

ここでは、ReactDOM.render によって、先ほどHTMLファイルに記述したレンダリング対象となる要素を document.getElementById('app') で指定し、Reactコンポーネントをレンダリングしています。

今回作成するUIライブラリを記述していくルートとなるReactコンポーネント src/App.jsx も作成しておきましょう。

SAMPLE CODE src/App.jsx

```
export const App = () => {
  return (
    <h1>React App</h1>
  )
}
```

ここまで準備ができたら、ターミナルを2つ開き、それぞれ次のコマンドを実行して動作を確認してみましょう。

```
$ npm run dev
```

```
$ npm run serve
```

サーバーが立ち上がったら `http://localhost:5000` をブラウザで開きます。次のように表示されていれば準備は完了です。

●動作の確認

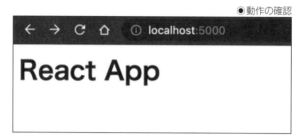

▶ReactアプリケーションのTypeScript対応

さて、ここまではReactアプリケーションを `.jsx` の拡張子で実装してきました。本章ではReactアプリケーションをTypeScriptで実装していきますが、`.jsx` では、TypeScriptの構文を扱うことはできず、TypeScriptを扱う場合には `.tsx` 拡張子を利用する必要があります。

ここまでに作成したReactコンポーネントを扱う `.jsx` ファイルの拡張子を `.tsx` に変更します。

- src/index.jsx → src/index.tsx
- src/App.jsx → src/App.tsx

合わせて、webpackのloaderの設定も変更します。エントリーポイントと `resolve.extensions` の項目を `.tsx` に対応したものに変更しておきましょう。

SAMPLE CODE src/webpack.config.js

```
'use strict'
const { resolve } = require('path')

module.exports = {
  mode: 'development',
  devtool: 'inline-source-map',
- entry: resolve(__dirname, 'src/index.jsx'),
+ entry: resolve(__dirname, 'src/index.tsx'),
  output: {
    filename: 'index.js',
    path: resolve(__dirname, 'dist'),
  },
```

```
  resolve: {
-   extensions: ['.ts', '.js', '.jsx'],
+   extensions: ['.ts', '.tsx', '.js', '.jsx'],
  },
  module: {
    rules: [
      {
-       test: /\.(ts|jsx)$/,
+       test: /\.(ts|tsx|jsx)$/,
        use: {
          loader: 'ts-loader',
        },
      },
    ]
  }
}
```

　ここまで変更できたら `$ npm run dev` を実行して動作を確認してみましょう(すでに実行中の場合は一度停止して、再実行してください)。

　サーバーが立ち上がったら `http://localhost:5000` をブラウザで開きます。先ほどと同じ内容のページが表示されれば問題ありません。

　以上で、ReactアプリケーションをTypeScriptを使って実装していく準備が整いました。

　なお、ここから先は常にターミナル上で `$ npm run dev` と `$ npm run serve` が実行されているという前提で話を進めていきます。

■ UIライブラリで利用する定数の準備

　本章で作成するUIコンポーネントとその依存ファイルは、ライブラリとして実装することも考慮し、`src/libs` ディレクトリ内に作成することにします。こうすることで、ライブラリとして提供するファイル群と、ライブラリを利用するファイルを明確に分割していきます。

　UIコンポーネントを作成していくため、コンポーネントのレイアウトに利用する `margin`、`padding` などの幅やフォントの大きさ、`border-radius` の大きさなどは共通の値として先に定義しておきましょう。ライブラリ内のコンポーネントのスタイルを統一するため、実装する際にはこの定数を利用します。

　次の内容のファイル `src/libs/constants/index.ts` を作成しましょう。

SAMPLE CODE src/libs/constants/index.ts

```
export const color = {
  green: '#4CAF50',
  red: '#F44336',
  gray: '#9E9E9E',
  white: '#fff',
  black: '#000',
} as const
```

```
export const radius = {
  s: '4px',
  m: '8px',
  l: '16px',
} as const

export const space = {
  s: '4px',
  m: '8px',
  l: '16px',
} as const

export const fontSize = {
  s: '10px',
  m: '16px',
  l: '24px',
} as const
```

他のファイルから import して定数として使うことを想定しているため、as const によっ
て、各プロパティが readonly のリテラル型として扱われるようにしています。

UIライブラリの実装

　ここまででReactコンポーネントを作成していく環境が準備できました。ここからは実際にTypeScriptを用いたReactコンポーネントを作成していきます。

　その中で、TypeScriptでReactのコードを書く場合にどのようなシンタックスになるのかや、styled-componentsに型システムを持ち込むとどのようなメリットがあるのかを説明していきます。

▌「Text」コンポーネント

　最初のコンポーネントとして、指定されたテキストを表示するシンプルな **Text** コンポーネントを実装してみましょう。

　1つ目の例なので、まずはJavaScriptでコンポーネントを実装したのち、TypeScriptに書き換えて行く形で実装していきます。

▶ コンポーネントの仕様

　次のような仕様を満たすコンポーネントを作成します。

● propsで受け取った文字列を表示するコンポーネント

名称	型	必須	説明
text	string	○	表示するテキストの文字列

●完成例

hello, world!

▶ JavaScriptでのコンポーネントの実装

　まずはJavaScriptでコンポーネントを実装しましょう。

　このコンポーネントは、受け取った文字列を表示するだけのシンプルなコンポーネントです。表示する要素は文字列だけなので、`<p>` タグ内にpropsで受け取った文字列を表示するだけで十分でしょう。

　`src/libs/Text.jsx` ファイルを追加して、次のように実装します。

SAMPLE CODE src/libs/Text.jsx

```
export const Text = ({ text }) => {
  return <p>{text}</p>
}
```

このコンポーネントを使う実装を `App.tsx` に追加してみましょう。

SAMPLE CODE src/App.tsx

```
+ import { Text } from './libs/Text'

  export const App = () => {
    return (
-     <h1>React App</h1>
+     <Text text="Hello, World!" />
    )
  }
```

ここまではごく一般的なJavaScriptによるReactコンポーネントの実装です。ブラウザには次のように表示されているでしょうか?

●動作の確認

Hello, World!

さて、問題なく動作しているように見える **Text** コンポーネントですが、意図しない使われ方をすると問題が発生する状態になっています。

ここでは、「true」という文字列を表示したいケースを想定してみましょう。このとき、次のようにboolean値の **true** を **text** propsに与えてしまうと、どうなるでしょうか。

SAMPLE CODE src/App.tsx

```
  // 省略
  export const App = () => {
    return (
-     <Text text="Hello, World!" />
+     <Text text={true} />
    )
  }
```

この変更を加えると、ブラウザには何も表示されなくなってしまったのではないでしょうか。

Reactではboolean値はレンダリングされないので、レンダリング結果を見ると **Text** コンポーネントは `<p></p>` タグのみが表示されていて、タグ内には何もない状態になっているはずです。

期待した通りの動作をさせるためには、**text** propsに文字列で **"true"** を渡してあげる必要があります。

SAMPLE CODE src/App.tsx

```
  // 省略
  export const App = () => {
    return (
-     <Text text={true} />
+     <Text text="true" />
    )
  }
```

今度は狙い通り「true」と表示されたはずです。

今回は簡単なコンポーネントなので、**text** propsに何を渡すべきかはコードを見れば自明です。しかし、コンポーネントが複雑になるにつれてこういったミスは起こりやすくなりますし、意図しない動作をしたときの原因の特定は難しくなるでしょう。

このような事故を防ぐためのアプローチとして、ドキュメントを追加したり、コンポーネント側でpropsのバリデーションをかけたりなどの方法が考えられます。

しかし、TypeScriptを利用していれば、コンポーネントのpropsを型で縛ることでこの問題にアプローチできます。

▶ TypeScriptに書き換える

Text コンポーネントをTypeScriptに書き換えてみましょう。 **Text.jsx** を **Text.tsx** に変更し、実装も次のように変更してみましょう。

SAMPLE CODE src/libs/Text.tsx

```
export const Text = (props: { text: string }) => {
  return <p>{props.text}</p>
}
```

変更点は、**text** propsがstring型であることを明示するようになったことです。このように、TypeScriptの型アノテーションを用いることで、Reactコンポーネントが受け付けるpropsを型で定義することができます。

型の異なるpropsが指定された場合や、必要なpropsが指定されていない場合にはコンパイルエラーになるので、コンポーネントを意図しない方法で利用されることを防げます。

型アノテーションが機能していることを確認するために、試しに **App.tsx** を次のように変更してみます。

SAMPLE CODE src/App.tsx

```
// 省略
export const App = () => {
  return (
-   <Text text="true" />
+   <Text text={true} />
  )
}
```

エディタ上で「Type 'boolean' is not assignable to type 'string'.」というエラーが表示されるようになったのが確認できたでしょうか。同時にコンパイルも失敗するようになっているはずです。

▶TypeScriptを用いたコンポーネントの型の定義

次に、Text コンポーネントの型を考えていきます。

はじめにpropsの型を扱いやすくするため、型エイリアスを使ってpropsの型を宣言しておきましょう。Text コンポーネントは text がstring型で必須項目なので次のような型定義になります。

SAMPLE CODE src/libs/Text.tsx

```
+ type Props = {
+   text: string
+ }

- export const Text = (props: { text: string }) => {
+ export const Text = (props: Props) => {
    // 省略
  }
```

次に、Text コンポーネントそのものの型を定義していきます。

@types/react では、Reactの関数コンポーネントはVFC(Void Functional Component)という型で定義されています。このVFCを使って Text コンポーネントの型定義をしていきましょう。

VFC 型のジェネリクスにpropsの型を渡す形でReactコンポーネントの型を記述できます。併せて、props オブジェクトのプロパティも展開しています。

SAMPLE CODE src/libs/Text.tsx

```
+ import { VFC } from 'react'
// 省略
- export const Text = (props: Props) => {
-   return <p>{props.text}</p>
+ export const Text: VFC<Props> = ({ text }) => {
+   return <p>{text}</p>
  }
```

VFC 型と ReactElement 型の型定義をコードジャンプして見てみましょう。

VFC 型はpropsの型をジェネリクスで指定できるようになっており、ReactElement または null を返す型として定義されています。

ReactElement 型は、Reactで描画される要素の原型となる型で、props 、key プロパティも ReactElement 型が持っていることがわかります。

```
type VFC<P = {}> = VoidFunctionComponent<P>;

interface VoidFunctionComponent<P = {}> {
  (props: P, context?: any): ReactElement<any, any> | null;
  // 省略
}
```

▼

```
interface ReactElement<
  P = any, T extends string | JSXElementConstructor<any> = string | JSXElementConstructor<any>
> {
  type: T;
  props: P;
  key: Key | null;
}
```

▶ コンポーネントのスタイルの実装

これでコンポーネントのひな形ができたので、styled-componentsを使ってレイアウトします。今回はテキストを表示するコンポーネントなので、タグは `<p>` タグが適切でしょう。 `font-size` が一定になるように定数を `./constants` から `import` して指定しておきます。

`src/libs/Text.tsx` を次のように変更します。

SAMPLE CODE src/libs/Text.tsx

```
+ import styled from 'styled-components'
+ import { fontSize } from './constants'

// 省略

+ const Wrapper = styled.p`
+   font-size: ${fontSize.m};
+ `
```

`export` するReactコンポーネントにこれを適用しましょう。

SAMPLE CODE src/libs/Text.tsx

```
export const Text: VFC<Props> = ({ text }) => {
-   return <p>{text}</p>
+   return <Wrapper>{text}</Wrapper>
}
```

受け取った `text` propsを `<p>` タグ内に表示するだけのコンポーネントなので、かなりシンプルな形になりました。

▶ styled-componentsによるスタイルを拡張可能にする

最後に、コンポーネントのスタイルを拡張できるように、型で規定したprops以外の属性を受け取れるようにしておきましょう。

SAMPLE CODE src/libs/Text.tsx

```
// 省略
  type Props = {
    text: string
+   className?: string
  }
```

```
- export const Text: VFC<Props> = ({ text }) => {
+ export const Text: VFC<Props> = ({ text, className = '' }) => {
    return (
-     <Wrapper>{text}</Wrapper>
+     <Wrapper className={className}>{text}</Wrapper>
    )
  }
```

　こうしておくことで次の例のように、styled-componentsによって割り当てられる **class** 属性を適用してスタイルを拡張できるようになります。

```
import { Text } from './Text'

// font-size を上書きした LargeText コンポーネントを返します
export const LargeText: VFC<{ text: string }> = ({ text }) => {
  return <StyledText text={text} />
}

const StyledText = styled(Text)`
  font-size: 2.0rem;
`
```

COLUMN styled-components

　styled-componentsはECMAScriptのTagged Template Literalを利用しています。これは、関数に続いてTemplate Literalを記述することで、第1引数に **${}** で区切られた静的な文字列の配列、第2引数以降にプレースホルダーの一覧が渡されます。
　簡単なコードで確認してみましょう。

```
const tag = (strings: TemplateStringsArray, ...placeholders: string[]) => {
  console.log(strings) // ["\n  font-size: ", ";\n  font-weight: ", ";\n"]
  console.log(placeholders) // ["16px", "bold"]
}

tag`
  font-size: ${'10px'};
  font-weight: ${'bold'};
`
```

　プレースホルダーの一覧はスプレッド構文を使ってまとめて取得しています。
　実行結果はコード内のコメントのように、第1引数は **["\n　font-size: ", ";\n　font-weight: ", ";\n"]**、第2引数は **["16px", "bold"]** となっていることがわかります。

styled-componentsはこの機能を利用することで、CSS のシンタックスに類似した記法を実現しています。

ただし、この記法を用いる場合、スタイルの記述はTemplate Literalを利用した文字列として扱われるため、CSSスタイルのシンタックスハイライトが適用されないなど不便な部分もあります。

VS Codeでは、styled-componentsでのスタイル記述にシンタックスハイライトを適用する拡張機能も提供されているので、これらを利用するとよいでしょう。

● vscode-styled-components拡張機能

URL https://marketplace.visualstudio.com/
items?itemName=jpoissonnier.vscode-styled-components

COLUMN　React.FCとReact.VFC

本書執筆時点で最新版の@types/react v17には **FC**（Function Component）型と **VFC**（Void Function Component）型が定義されています。

v17までのバージョンではFCの型定義は `children` propsを含んだものとなっていますが、v18では `children` propsを含まなくなるという破壊的変更が適用される予定です。そのため、v18への移行をスムーズに行うための準備として、v17ではv18における **FC** 型と同義の型となる **VFC** という型が定義されていているというわけです。

このような事情から、@types/react v17を利用する場合は **VFC** によって実装を行い、**FC** から `children` propsが削除されたv18がリリースされた後に、**VFC** を **FC** に一括で置き換える変更をするとよいでしょう。

‖ 「Heading」コンポーネント

続いて、HTMLの **<h1>** タグのような、見出しを表す要素を表示するための **Heading** コンポーネントを作成してみましょう。

ReactコンポーネントをTypeScriptで扱う方法については前項のコンポーネントで説明したので、ここからは **tsx** の拡張子で書き始めていきましょう。

▶ コンポーネントの仕様

Heading コンポーネントの用途として、**<h1>** から **<h6>** までのタグの種類を切り替えられると便利そうなので、これをpropsで指定できるようにしてみましょう。このとき、指定できるタグは **<h1>** 、**<h2>** 、**<h3>** 、**<h4>** 、**<h5>** 、**<h6>** のいずれかとします。

また、実際に利用シーンを想定すると、**Heading** の中にはシンプルなテキストだけではなく、さまざまな要素を **Heading** の子要素として代入できる形にしておくと使い勝手が良さそうです。

以上のことから、Heading コンポーネントのPropsは次のように定義します。

名称	型	必須	説明
children	ReactNode	○	Heading内に表示する要素群
tag	'h1' | 'h2' | 'h3' | 'h4' | 'h5' | 'h6'	○	HeadingのHTMLタグ

●完成例

Heading
Heading
Heading
Heading
Heading
Heading

▶ 型定義の追加

`src/libs/Heading.tsx` を作成して、実装していきましょう。

はじめに、指定可能なタグの型と、Heading コンポーネントのpropsの型を定義します。上記のpropsの定義の通り、今回のコンポーネントのタグとして指定できるのは `<h1>`、`<h2>`、`<h3>`、`<h4>`、`<h5>`、`<h6>` のいずれかとしたいので、これを文字列リテラル型のユニオン型で型定義しておきます。

SAMPLE CODE src/libs/Heading.tsx

```
+ type HeadingType = 'h1' | 'h2' | 'h3' | 'h4' | 'h5' | 'h6'
```

これを用いてpropsの型定義を書くと、次のように書けます。

SAMPLE CODE src/libs/Heading.tsx

```
+ import { ReactNode } from 'react'

+ type Props = {
+   children: ReactNode
+   tag: HeadingType
+ }
```

ReactNode 型は、次のように定義されており、string、number、boolean、null などのプリミティブな値に加え、ReactElement を含む型になっています。

```
type ReactNode = ReactChild | ReactFragment | ReactPortal | boolean | null | undefined;
```

今回の Heading コンポーネントでは、これを子要素として表示することで、コンポーネント内のコンテンツを外部から注入できるようにしていきます。

▶「Heading」コンポーネントの実装

このコンポーネントでは、大きく次の2点を実装すれば要件を満たせます。

- propsで受け取った「children」を子要素に持つ、<h>タグの要素を返す
- <h>タグを「tag」で指定されたタグに変更する

まずは前者を実装していきましょう。

タグの変更は後で説明するので、ここではいったん **<h1>** タグの要素をstyled-componentsで定義しておきましょう。styled-componentsを使って、**h1** 要素にデフォルトで適用されている **margin** を **0** にしています。

SAMPLE CODE src/libs/Heading.tsx

```
- import { ReactNode } from 'react'
+ import { VFC, ReactNode } from 'react'
+ import styled from 'styled-components'
  // 省略
+
+ export const Heading: VFC<Props> = ({
+   children,
+   tag,
+ }) => {
+   return (
+     <Wrapper>
+       {children}
+     </Wrapper>
+   )
+ }
+
+ const Wrapper = styled.h1`
+   margin: 0;
+ `
```

children は **ReactNode** 型なので、そのままレイアウトに利用できます。 **Wrapper** の子要素としてそのまま配置しているので、**children** を **h1** でラップした要素を返すコンポーネントになっています。

▶ 要素のタグの動的な決定

styled-componentsの **as** propsの機能を使うと、レンダリング要素のタグを動的に変更できます。

SAMPLE CODE src/libs/Heading.tsx

```
  return (
-   <Wrapper>
+   <Wrapper as={tag}>
      {children}
    </Wrapper>
  )
```

これで **Heading** コンポーネントの **tag** propsで指定したタグの要素を返すコンポーネントにできました。

▶「Heading」コンポーネントの使用例

それでは、作成した **Heading** コンポーネントを使ってみましょう。引き続き作成したコンポーネントは、**App.tsx** に配置していく形で使い方を確認していきます。

Heading コンポーネントは **children** propsを受け取りますが、Reactで **children** は特別なpropsとして定義されており、コンポーネントの子要素が **children** propsとして渡されます。

次のコードはどちらも同じ結果になります。

```
<Heading tag="h1">見出し</Heading>
<Heading tag="h1" children="見出し"></Heading>
```

これを用いて、**Heading** コンポーネントで見出しを表示すると次のように書けます。

SAMPLE CODE src/App.tsx

```
+ import { Heading } from './libs/Heading'

  export const App = () => {
    return (
+     <>
        <Text text="true" />
+       <Heading tag="h1">見出し</Heading>
+     </>
    )
  }
```

また、**children** は **ReactNode** 型で定義されており、string以外にも **ReactElement** を渡すこともできるので、子要素（ **children** props）に任意の要素を渡せます。

SAMPLE CODE src/App.tsx

```
// 省略
export const App = () => {
  return (
    <>
      <Text text="true" />
      <Heading tag="h1">見出し</Heading>
+     <Heading tag="h1">
+       <span>hello, world!</span>
+     </Heading>
    </>
  )
}
```

||| 「Button」コンポーネント

次の例として、Button コンポーネントを実装していきます。このコンポーネントを通して、ボタンを押したときのコールバック関数をpropsとして渡したり、コンポーネントのスタイルをstyled-componentsの機能を使ってパターン化したりする例を取り上げます。

▶ コンポーネントの仕様

ここでは、HTMLで <button> タグに当たる Button コンポーネントを作成していきます。Button コンポーネントの基本的な機能として、ボタン内のテキストと押したときの動作を外部から指定できるようにしましょう。

加えて、ある程度スタイルを外部から変更できるように、type と width propsを指定できるようにしてみましょう。 type を変更することでボタンの配色を簡単に変更できるようにし、width でボタンの幅を変更できるようにします。

また、これらのスタイルを定義する値は必要な場合だけ指定できるほうが便利なので、必須項目とはせず、指定されていない場合はデフォルト値を利用することにします。

以上のことから、Button コンポーネントのPropsは次のようになります。

名称	型	必須	説明
title	string	○	ボタン内に表示する要素
onClick	() => void	○	ボタンを押したときの動作
type	'primary'	'secondary'	'error'	×	ボタンのスタイルを決めるための種類
width	number	×	ボタンのサイズ（幅）

●完成例

▶型定義の追加

src/libs/Button.tsx を作成して、型定義を書いていきましょう。

まずは type propsをリテラル型で定義しておくと後のpropsの型定義で便利そうです。

今回はデフォルトのスタイル primary 、白色のボタンに変更する secondary 、赤色の
ボタンに変更する error の3種類を定義しています。

`SAMPLE CODE` src/libs/Button.tsx

```
+ type ButtonType = 'primary' | 'secondary' | 'error'
```

これを使って、仕様のpropsを型にしていきましょう。ボタンを押したときのコールバック関数
である onClick は、引数・返り値ともに空の function とします。

`SAMPLE CODE` src/libs/Button.tsx

```
+ type Props = {
+    title: string
+    onClick: () => void
+    type?: ButtonType
+    width?: number
+ }
```

▶コンポーネントの実装

まずはレイアウトを後回しにして、ボタンとして動作するところまで実装していきましょう。

`SAMPLE CODE` src/libs/Button.tsx

```
+ import { VFC } from 'react'
+
+   // 省略
+
+ export const Button: VFC<Props> = ({
+    title,
+    onClick,
+ }) => {
+    return (
+      <button onClick={onClick}>
+        {title}
+      </button>
+    )
+ }
```

表示するテキストを子要素とした <button> タグを返すコンポーネントです。

Reactでは、onClick 属性にイベントハンドラとして関数を渡すことでクリック時の動作を
設定することができます。propsで受け取ったイベントハンドラ onClick をここに設定します。

▶ スタイルの追加

レイアウトを実装していくために、作成した **Button** コンポーネントを表示できる状態にしておきましょう。

App.tsx に新たにこのコンポーネントを追加していきます。**type** が **primary**、**secondary**、**error** の3種類のボタンを作成してみます。また、ここでは **primary** のボタンは幅を **96px** と指定しましょう。

次のように利用できます。

SAMPLE CODE src/App.tsx

```
import { Button } from './libs/Button'
// 省略

export const App = () => {
  return (
    <>
      // 省略
      <Heading type="h1">見出し</Heading>
+     <Button onClick={() => console.log('clicked!')} title="Button" type="primary" width={96} />
+     <Button onClick={() => console.warn('clicked!')} title="Button" type="secondary" />
+     <Button onClick={() => console.error('clicked!')} title="Button" type="error" />
    </>
  )
}
```

これで動作させることはできたので、続いてボタンのレイアウトを実装していきます。ここまでと同じように、空白や色の値は共通で利用できるように定義した定数から参照してきます。

SAMPLE CODE src/libs/Button.tsx

```
+ import styled from 'styled-components'
+ import { color, radius, space } from './constants'
// 省略

export const Button: VFC<Props> = ({
  // 省略
}) => {
  return (
-   <button onClick={onClick}>
+   <Wrapper onClick={onClick}>
      {title}
-   </button>
+   </Wrapper>
  )
}

+ const Wrapper = styled.button`
+   padding: ${space.m};
```

```
+   border-radius: ${radius.m};
+   border: solid 1px ${color.green};
+   background: ${color.green};
+   color: ${color.white};
+   text-align: center;
+   cursor: pointer;
+   box-sizing: border-box;
+ `
```

▶スタイルの動的な変更

　次に、styled-componentsの機能を使って、propsで指定した値を用いてレイアウトに反映します。

　`width` propsが指定された場合にボタン幅を変更できるようにします。コンポーネントのpropsに `width` を追加します。この値は必須ではないので、指定されなかった場合の初期値をここでは `80` として設定しています。

SAMPLE CODE src/libs/Button.tsx

```
  export const Button: VFC<Props> = ({
    title,
    onClick,
+   width = 80,
  }) => {
    return (
-     <Wrapper onClick={onClick}>
+     <Wrapper onClick={onClick} width={width}>
        {title}
      </Wrapper>
    )
  }
```

　styled-componentsで生成するコンポーネントには、CSSの記述箇所で使うためのpropsを渡すことができます。今回は `width` の値を渡すことで、スタイルに反映します。

　このときの型定義は次のように書くことができます。

```
styled.button<{ width: number }>
```

　これを適用すると次のようになります。

SAMPLE CODE src/libs/Button.tsx

```
- import styled from 'styled-components'
+ import styled, { css } from 'styled-components'

  // 省略
- const Wrapper = styled.button`
+ const Wrapper = styled.button<{ width: number }>`
```

```
    // 省略
+   ${props =>
+     css`
+       width: ${props.width}px;
+
+   }
```

続いて **type** propsを使ってボタンのスタイルを変更できるようにしましょう。

Reactコンポーネントには **className** 属性を付与するとクラスを追加できます。これを利用してクラスを追加した後、styled-componentsでクラスに応じたスタイルが適用されるようにしていきます。

まずは **width** と同様にコンポーネントpropsに **type** を追加します。このpropsも必須ではないので、初期値を **'primary'** としておきましょう。

SAMPLE CODE src/libs/Button.tsx

```
  export const Button: VFC<Props> = ({
    title,
    onClick,
    width = 80,
+   type = 'primary',
  }) => {
    return (
-     <Wrapper onClick={onClick} width={width}>
+     <Wrapper onClick={onClick} width={width} className={type}>
        {title}
      </Wrapper>
    )
  }
```

これでレンダリングされる要素の **class** 属性に **className** で指定したクラスが追加されるようになりました。クラスに応じて適用されるスタイルを定義しましょう。

SAMPLE CODE src/libs/Button.tsx

```
  const Wrapper = styled.button<{ width: number }>`
    // 省略
+   &.secondary {
+     border: solid 1px ${color.gray};
+     background: ${color.white};
+     color: ${color.black};
+   }
+   &.error {
+     border: none;
+     background: ${color.red};
+     color: ${color.white};
+   }
```

これで、**secondary** クラスが付与されている場合には白色のボタン、**error** クラスが付与されている場合には赤色のボタンになるようにできました。

それぞれブラウザで表示を確認してみましょう。

▶ Utility Types

TypeScriptでは型変換を容易にする**Utility Types**という機能が提供されています。Utility Typesは、既存の型から新しい型を簡単に定義できます。

いくつか代表的なUtility Typesを紹介します。

● Partial<Type>

Partial は **Type** に含まれるすべてのプロパティをオプショナルにします。

```
type Person = { name: string, age: number }
const person: Partial<Person> = {} // 型: { name?: string; age?: number }
```

この例では、**person** の型は **{ name?: string; age?: number }** となっているので、空のオブジェクトを代入しても型エラーは発生しません。

● Required<Type>

Required は **Type** に含まれるすべてのプロパティを **required** にします。

```
type Person = { name: string, age?: number }
const person: Required<Person> = { name: 'John', age: 40 } // 型: { name: string; age: number }
```

Required によって、オプショナルであったプロパティ **age?: number** は **required** なプロパティになり、**Required<Person>** 型では **age** プロパティがないと型エラーが発生します。

● Readonly<Type>

Readonly は **Type** に含まれるすべてのプロパティを **readonly** に変更します。

```
type Person = { name: string }
const person: Readonly<Person> = { name: 'John' }
person.name = 'Paul' // エラー (Cannot assign to 'name' because it is a read-only property.)
```

readonly としたプロパティを更新しようとするとエラーが発生します。あらかじめ **readonly** としておくことで、意図しない値の更新を実行前に発見できます。

● Omit<Type, Keys>

Omit は **Type** に含まれるプロパティから **Keys** を除いたプロパティを含む型を作成します。**Keys** は | を用いて複数指定することもできます。

```
type Person = { name: string, age: number, bloodType: string }
const person1: Omit<Person, 'bloodType'> = { name: 0, age: 0 } // 型: { name: string; age: number }
const person2: Omit<Person, 'age' | 'bloodType'> = { name: 0 } // 型: { name: string }
```

● その他のUtility Types

ここではすべてのUtility Typesは網羅していません。これ以外のものについては次の公式ページを参照してみてください。

URL https://www.typescriptlang.org/docs/handbook/utility-types.html

▶「AlertButton」コンポーネントの実装

Utility Types **Omit** を使って、**Button** コンポーネントから派生した、よりpropsを省略したコンポーネントを作成してみましょう。

Button コンポーネントの **type** プロパティを **Omit** で取り除いた型を新たなpropsとして受け取るコンポーネントを作成します。

```
type AlertButtonProps = Omit<Props, 'type'>

export const AlertButton: VFC<AlertButtonProps> = ({ title, width = 80, onClick }) => {
  return <Button type="error" onClick={onClick} title={title} width={width} />
}
```

AlertButton コンポーネントの実態は、**type="error"** とした **Button** コンポーネントですが、このように既存の型から新しい型を作成して利用することができます。

▌▌▌「Textarea」コンポーネント

続いて、**Textarea** コンポーネントを作成します。 **Textarea** コンポーネントでは、TypeScriptでReactのステート管理機能を利用する例を紹介していきます。

▶ コンポーネントの仕様

Textarea コンポーネントでは、HTMLの **<textarea>** タグをラップした要素を提供します。

付加機能として、最大文字数を設定して、入力可能な残り文字数を表示したり、入力可能な文字数を超えた場合はエラーを表示する機能を追加してみましょう。最大文字数が指定されていない場合には、残り文字数は表示されないようにすることとします。また、前項で作成した **Button** コンポーネントと同様に、コンポーネントの幅をpropsで設定できるようにしておきます。

以上の仕様から、**Textarea** コンポーネントのpropsは次のようになります。 **width** が指定されていない場合はデフォルト値が入るようにするので、オプショナルな値とし、入力可能な最大文字数を指定する **maxLength** も、指定されない場合は残り文字数を表示しない挙動とするので、こちらのpropsもオプショナルな値とします。

名称	型	必須	説明
width	number	×	テキストエリアのサイズ（幅）
maxLength	number	×	入力可能な最大文字数

◉完成例

▶型定義の追加

今回のコンポーネントはpropsがすべてオプショナルなので、次のようになります。

`SAMPLE CODE` src/libs/Textarea.tsx

```
+ type Props = {
+   width?: number
+   maxLength?: number
+ }
```

▶コンポーネントのひな形の実装

それでは **Textarea** コンポーネントを作成していきましょう。

`SAMPLE CODE` src/libs/Textarea.tsx

```
+ import { VFC } from 'react'
+ import styled from 'styled-components'

// 省略

+ export const Textarea: VFC<Props> = () => {
+   return (
+     <Wrapper />
+   )
+ }

+ const Wrapper = styled.textarea``
```

先ほど定義した型のPropsを受け取り、**textarea** 要素を配置するだけのコンポーネントとしました。

続いてこれらのPropsを使って、追加機能を実装していきましょう。

▶ スタイルの追加

textarea に基本的なCSSを反映し、追加で前項で説明したのと同様の方法で、Props から取得した width を要素に反映しています。利用するフォントサイズや空白の幅もこれまでと同様に239ページで準備した定数を利用しています。また、width propsはオプショナルなので、デフォルト値は 300 としています。

SAMPLE CODE src/libs/Textarea.tsx

```
- import styled from 'styled-components'
+ import styled, { css } from 'styled-components'
+ import { fontSize, space, radius, color } from './constants'


- export const Textarea: VFC<Props> = () => {
+ export const Textarea: VFC<Props> = ({ width = 300 }) => {
    return (
-     <Wrapper />
+     <Wrapper width={width} />
    )
  }


- const Wrapper = styled.textarea``
+ const Wrapper = styled.textarea<{ width: number }>`
+   height: 120px;
+   padding: ${space.m};
+   border-radius: ${radius.m};
+   border: solid 1px ${color.gray};
+   font-size: ${fontSize.m};
+
+   ${props =>
+     css`
+       width: ${props.width}px;
+     `
+   }
+ `
```

これで、width をpropsで変更できる textarea 要素を返すコンポーネントとして実装できました。

この状態で一度コンポーネントを呼び出して表示してみましょう。スタイルの反映された Textarea コンポーネントとして利用できるはずです。

SAMPLE CODE src/App.tsx

```
// 省略
+ import { Textarea } from './libs/Textarea'

export const App = () => {
  return (
```

▼

```
    <>
      // 省略
+     <Textarea width={500} />
    </>
  )
}
```

▶残り文字数表示の追加

ここではさらに、**Textarea** コンポーネントに文字数をカウントする機能を追加してみましょう。

入力可能な文字数をpropsで指定し、**textarea** 要素に入力された文字数をカウントして、残り何文字まで入力可能かを表示することにします。入力されている文字数のカウントは、Reactのhooks **useState** を使って実装します。

はじめに、**useState** が@types/reactでどのように型定義されているのか見てみましょう。

```
type SetStateAction<S> = S | ((prevState: S) => S);
type Dispatch<A> = (value: A) => void;
// 省略
function useState<S>(initialState: S | (() => S)): [S, Dispatch<SetStateAction<S>>];
```

useState は function useState<S>(initialState: S | (() => S)) と定義されており、初期値とする変数、あるいは初期値を返す関数を引数として受け取ります。また、**useState** で定義するstateの型はジェネリクスで指定できるようになっています。

続いて返り値を見てみましょう。**useState** は配列 [S, Dispatch<SetStateAction<S>>]; を返します。 **S** はstateそのものを示し、**Dispatch<SetStateAction<S>>** は **(value: A) => void** とあるので、stateを更新する返り値のない関数であることがわかります。

これらを今回のコンポーネントで利用することに当てはめると、今回、stateで管理したい値は、**textarea** 要素に現在入力されている文字数なので、名前を **count** としたnumber型で定義することにします。

```
const [count, setCount] = useState<number>(0)
```

具体的な実装を見るとわかりやすくなったでしょうか?

useState<number>(0) でnumber型で初期値が **0** のstateを定義しています。引数で与える初期値に応じて型推論されるため、**useState(0)** と省略することもできます。

useState の返り値は [state, stateを更新する関数] だったので、それぞれ **count** 、**setCount** と命名しました。

また、このときの **setCount** の型は **Dispatch<SetStateAction<number>>** 、つまりnumber型の引数を受け取る関数になっています。値を変更するときは **setCount** を呼び出して更新します。

ではこれをコンポーネントに実装していきます。 `useState` をインポートして次のようにコードを追加します。

SAMPLE CODE src/libs/Textarea.tsx

```
- import { VFC } from 'react'
+ import { VFC, useState } from 'react'

  // 省略

  export const Textarea: VFC<Props> = ({ width = 300 }) => {
+   const [count, setCount] = useState<number>(0)
+
    return (
      <Wrapper width={width} />
    )
  }
```

また、`maxLength` のpropsが指定されている場合に表示される、残り文字数を表示する要素も追加しておきます。

`maxLength` に正の値が指定されている場合は、入力可能な残りの文字数を表示する `Count` 要素を追加しています。

入力可能な残り文字数は `Math.max(maxLength - count, 0)` としているので、`maxLength` で指定した文字数を `count` が超えた場合は「残り0文字です」と表示されます。

SAMPLE CODE src/libs/Textarea.tsx

```
- export const Textarea: VFC<Props> = ({ width = 300 }) => {
+ export const Textarea: VFC<Props> = ({ maxLength, width = 300 }) => {
  // 省略
  return (
-   <Wrapper width={width} />
+   <>
+     <Wrapper width={width} />
+     {maxLength !== undefined && (
+       <Count>
+         残り{Math.max(maxLength - count, 0)}文字です
+       </Count>
+     )}
+   </>
  )
  // 省略

+ const Count = styled.p`
+   margin: 0;
+   font-size: ${fontSize.m};
+ `
```

このままでは、useState で定義した count state が更新されない状態なので、Textarea の文字の変更を監視して、文字数が変わったタイミングで count を更新する処理を追加しましょう。

src/libs/Textarea.tsx

```
- import { VFC, useState } from 'react'
+ import { VFC, useState, ChangeEvent } from 'react'
  // 省略

  export const Textarea: VFC<Props> = ({ maxLength, width = 300 }) => {
    const [count, setCount] = useState<number>(0)
+   const handleChange = (event: ChangeEvent<HTMLTextAreaElement>) => {
+     setCount(event.currentTarget.value.length)
+   }

    return (
      <>
-       <Wrapper width={width} />
+       <Wrapper onChange={handleChange} width={width} />
        // 省略
      </>
    )
  }
```

Wrapper（textarea）に onChange 属性を追加して、キーボード入力された場合のイベントをフックしています。

このとき実行する処理が handleChange です。onChange から渡される引数の型は ChangeEvent<HTMLTextareaElement> なので、これを引数として受け取っています。

Textareaに入力されている文字数は event.currentTarget.value.length で取得できるので、これをstateを更新する関数 setCount に渡しています。

以上で、キーボードの入力を待って、Textareaに入力されている文字数を count に反映し、残り文字数を表示できるようになりました。

▶ エラー時のスタイルの動的な変更

最後に、入力されている文字数が、指定した入力可能な最大文字数よりも大きい場合、スタイルを変更して不正な値であることがわかりやすいようにしましょう。

useState で定義したstate count とコンポーネントのProps maxLength の値を比較して、エラー状態かどうかを判定する関数 isError を準備しておきます。

isError 関数は、maxLength propsが指定されていて、かつ maxLength - count が負の数の場合に true を返し、それ以外の場合は false を返します。

これを用いて、エラーとなる場合は各要素に `'error'` という文字列を `className` に渡すようにし、`textarea` 要素のアウトラインと、`Count` の文字色を赤色にしてエラーであることを表示することにします。 `className={isError() ? 'error' : ''}` のように書くとよいでしょう。

まとめると、次のようなコード変更になります。

SAMPLE CODE src/libs/Textarea.tsx

```
  export const Textarea: VFC<Props> = ({ maxLength, width = 300 }) => {
    // 省略

+   const isError = (): boolean => {
+     if (maxLength !== undefined && maxLength - count < 0) return true
+     return false
+   }

    return (
      <>
-       <Wrapper onChange={handleChange} width={width} />
+       <Wrapper onChange={handleChange} width={width} className={isError() ? 'error' : ''} />
        {maxLength !== undefined && (
-         <Count>
+         <Count className={isError() ? 'error' : ''}>
            残り{Math.max(maxLength - count, 0)}文字です
          </Count>
        )}
      </>
    )
  }
```

後は `className` が追加された場合のスタイルを追加して完成です。

SAMPLE CODE src/libs/Textarea.tsx

```
  const Wrapper = styled.textarea<{ width: number }>`
    // 省略
+   &.error {
+     border: solid 1px ${color.red};
+   }
  `

  const Count = styled.p`
    // 省略
+   &.error {
+     color: ${color.red};
+   }
  `
```

▶「Textarea」コンポーネントの使用例

サンプル一覧で、`width` や `maxLength` の値を変更して動作を確認してみてください。

SAMPLE CODE src/App.tsx

```
export const App = () => {
  return (
    <>
      // 省略
      <Textarea width={500} />
+     <Textarea width={200} maxLength={100} />
    </>
  )
}
```

COLUMN 　　正確な文字数のカウント

`Textarea` コンポーネントの実装で、文字数のカウントには `String` の `length` プロパティを利用していますが、このプロパティはUTF-16のコードユニット数を返します。

このため、一部の漢字や絵文字など、サロゲートペアで表現される文字については1文字が2文字分としてカウントされてしまう問題があります。

正確に文字数を把握する場合には、サロゲートペアに当たる文字の文字数を調整する実装や、これらの文字に対応した文字数カウントが可能な**string-length**などのライブラリの導入のような対策が必要になります。本書では実装をシンプルにするため、この挙動については対応せずに進めていきます。string-lengthについては下記を参照してください。

● string-length

URL https://www.npmjs.com/package/string-length

▌「Input」コンポーネント

次に、`<input>` タグに相当する **Input** コンポーネントを作成しましょう。 **Input** コンポーネントでは、Reactで定義された **Input** 要素のPropsを少しカスタマイズして利用してみます。

▶ コンポーネントの仕様

Input コンポーネントは、HTMLの `<input>` タグに相当する機能を実装します。

通常の `<input>` タグの機能に加えて、入力が不正な場合には、アウトラインと文字を赤色で表示して、入力が不正なことを操作者に伝えられるようにしてみます。

propsは、**error** と **type** の2つです。

名称	型	必須	説明
error	boolean	×	エラー表示をしたい場合に真値を渡す
type	'text' | 'number' | 'password'	×	「Input」の「type」属性
className	string	×	スタイル拡張のためのクラス名

●完成例

```
Input Field
```

▶ 型定義の追加

このコンポーネントでは、Reactで定義されている **InputHTMLAttributes** を拡張したものとして定義しましょう。

まず、**src/libs/Input.tsx** を作成します。そして次のように、**InputHTMLAttributes** と上記のpropsとの交差型を定義します。

SAMPLE CODE src/libs/Input.tsx

```
+ import { InputHTMLAttributes } from 'react'
+
+ type Props = InputHTMLAttributes<HTMLInputElement> & {
+   error?: boolean
+   type?: 'text' | 'number' | 'password'
+   className?: string
+ }
```

こうすることで、**input** 要素が本来的に受け取れる属性を維持したままのpropsを定義できました。

ここでポイントなのは、**type** プロパティをわざわざ上書きしているという点です。というのも、**InputHTMLAttributes** 内には次のようにstring型で定義されているので、本来的にはこちら側で用意する必要のないものです。

```
interface InputHTMLAttributes<T> extends HTMLAttributes<T> {
  type?: string;
  // 省略
}
```

しかし、現実的には **type** として使用するのは、**'text'**、**'number'**、**'password'** などの限られたものだけです。

そのため、**type** をリテラル型のユニオン型で定義し、型チェックを厳密にすることで、タイプミスなどをしたときでも検知できるようにしています。

▶ コンポーネントの実装

Input コンポーネントは、基本的な機能は **InputHTMLAttributes** で定義されているプロパティを用いて実装できるので、コンポーネントの実装はシンプルな形になります。

これまでと同じように、上記の型定義を実装して、styled-componentsで **input** 要素を作成して返すだけの形にできます。現在の入力値 **value** と、値に変更があった場合に実行される **onChange** がpropsに渡されるので、**input** の属性に忘れずに追加しておきましょう。

SAMPLE CODE src/libs/Input.tsx

```diff
- import { InputHTMLAttributes } from 'react'
+ import { VFC, InputHTMLAttributes } from 'react'
+ import styled from 'styled-components'
+ import { color, fontSize, radius, space } from './constants'
// 省略
+
+ export const Input: VFC<Props> = ({
+   type,
+   value,
+   onChange,
+   className = '',
+   error = false,
+   ...props
+ }) => {
+   return (
+     <Wrapper
+       type={type}
+       value={value}
+       onChange={onChange}
+       {...props}
+     />
+   )
+ }
+
+ const Wrapper = styled.input`
+   height: 42px;
+   padding: ${space.m};
```

▼

266

```
+    border-radius: ${radius.m};
+    border: solid 1px ${color.gray};
+    font-size: ${fontSize.m};
+    box-sizing: border-box;
+  `
```

▶ エラー表示の実装

続いて、**error** propsを使ったエラー表示の実装をしていきます。ここまでで何度か同じような実装が登場しましたが、このコンポーネントでも同様に実装します。

error propsが **true** の場合のみ特定のクラスが追加されるように実装します。

SAMPLE CODE src/libs/Input.tsx

```
  export const Input: VFC<Props> = ({
    // 省略
  }) => {
    return (
      <Wrapper
        type={type}
+       className={`${className} ${error ? 'error' : ''}`}
        value={value}
        onChange={onChange}
        {...props}
      />
    )
  }
```

後はこれまでのコンポーネントで実装したのと同じように、styled-componentsで特定のクラスが付与されている場合に反映されるスタイルを追加します。

SAMPLE CODE src/libs/Input.tsx

```
  const Wrapper = styled.input`
    // 省略
+   &.error {
+     color: ${color.red};
+     border: solid 1px ${color.red};
+   }
  `
```

▶ 「Input」コンポーネントの使用例

実装した **Input** コンポーネントをサンプル一覧に追加しましょう。

SAMPLE CODE src/App.tsx

```
  // 省略
+ import { Input } from './libs/Input'

  export const App = () => {
```

```
  return (
    <>
      // 省略
+     <Input type="text" />
    </>
  )
}
```

　　error propsを追加してコンポーネントのスタイルが変更されることや、type="password"に変更した場合に、入力フィールドの文字が隠されることを確認してみてください。

　　現時点の実装でも文字入力することは可能ですが、Input コンポーネントに入力された文字を扱う方法を紹介していません。この部分の実装については、次項内で紹介します。

■「PasswordForm」コンポーネント

　　最後に、Webアプリケーションでよく利用されるパスワードフォームに相当するコンポーネントを実装してみましょう。このコンポーネントは、これまでに作成したコンポーネントを組み合わせてUIを構築していきます。

▶ コンポーネントの仕様

　　PasswordForm コンポーネントは、パスワードを入力する入力フィールドと、入力されたパスワードを使って何らかの操作を実行するボタンで構成します。

　　パスワードは入力中に文字が見えない方が良いので、type="password" の input 要素を利用することにしましょう。

　　ボタンを操作したときに実行する処理は外部からpropsとして渡せるようにしましょう。このとき、入力されているパスワードを使って実行したいので、string型を引数に持つ関数が適切でしょう。

名称	型	必須	説明
onSubmit	(password: string) => void	○	実行ボタンが押されたときに実行される関数

●完成例

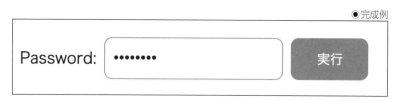

▶ 型定義の追加

　　src/libs/PasswordForm.tsx を作成し、次のような型定義を追加しましょう。

SAMPLE CODE src/libs/PasswordForm.tsx

```
+ type Props = {
+   onSubmit: (password: string) => void
+ }
```

▶ コンポーネントの実装

はじめに、コンポーネントのレイアウトを作成していきましょう。

入力フィールドと実行ボタンには、ここまでで実装してきた **Input** コンポーネントと **Button** コンポーネントを利用します。

SAMPLE CODE src/libs/PasswordForm.tsx

```
+ import { VFC } from 'react'
+ import styled from 'styled-components'
+ import { fontSize, space } from './constants'
+
+ import { Button } from './Button'
+ import { Input } from './Input'
+
  type Props = {
    onSubmit: (password: string) => void
  }
+
+ export const PasswordForm: VFC<Props> = ({ onSubmit }) => {
+   return (
+     <Wrapper>
+       <Label htmlFor="password">Password:</Label>
+       <InputForm id="password" type="password" onChange={(e) => console.log(e)} />
+       <Button onClick={() => onSubmit('')} title="実行" />
+     </Wrapper>
+   )
+ }
+
+ const Wrapper = styled.div`
+   display: flex;
+ `
+
+ const Label = styled.label`
+   margin: 0 ${space.m} 0 0;
+   font-size: ${fontSize.m};
+   line-height: 42px;
+ `
+
+ const InputForm = styled(Input)`
+   margin-right: ${space.m};
+ `
```

入力文字が変更されたときに実行する **onChange** は現時点では入力時のイベントをログ出力する処理を仮に置いていますが、入力文字の管理については次で詳しく説明します。

▶「Input」要素に入力された文字の利用

次に、Input コンポーネントに入力されている文字を state で管理できるように実装していきます。Input コンポーネントは、InputHTMLAttributes 型で定義されている props を受け取れるので、input 要素の属性である onChange を設定できます。

useState を使って input 要素に入力された値を格納する state を作成して、onChange イベントでこれを更新するようにしてみます。

SAMPLE CODE src/libs/PasswordForm.tsx

```
- import { VFC } from 'react'
+ import { VFC, useState, ChangeEvent } from 'react'
  // 省略

  export const PasswordForm: VFC<Props> = ({ onSubmit }) => {
+   const [value, setValue] = useState<string>('')

+   const handleChange = (event: ChangeEvent<HTMLInputElement>) => {
+     setValue(event.currentTarget.value)
+   }

    return (
      <Wrapper>
        <Label htmlFor="password">Password:</Label>
-       <InputForm id="password" type="password" onChange={(e) => console.log(e)} />
+       <InputForm id="password" type="password" onChange={(e) => handleChange(e)} />
-       <Button onClick={() => onSubmit('')} title="実行" type="primary" />
+       <Button onClick={() => onSubmit(value)} title="実行" type="primary" />
      </Wrapper>
    )
  }
```

onChange で呼ばれる関数の型は ChangeEvent<HTMLInputElement> として定義されています。この型で定義されている通り、event.currentTarget.value を参照すれば変更後の値を取得できるので、これを state に格納しています。

また、Button コンポーネントの onClick も少し動作を変更しています。入力されたパスワードの値である value を onSubmit に渡して実行できるようになりました。

▶ エラー表示の実装

前項で、Input コンポーネントに error props の値に応じてフィールドのスタイルを変更できる機能を追加しました。この機能を使って、入力値が不正な場合にエラー表示をしてみましょう。

ここでは仮に、「パスワードは8文字以上」というルールを設けることにします。

SAMPLE CODE src/libs/PasswordForm.tsx

```
-        <InputForm id="password" type="password" onChange={(e) => handleChange(e)} />
+        <InputForm id="password" type="password" onChange={(e) =>
+          handleChange(e)} error={value.length < 8} />
```

これで、**value** の文字数を監視して条件を満たす場合にエラー表示となるように設定できました。

▶ キー入力の監視

次に **useEffect** を使ってキー入力を監視する実装を追加します。ここでは、エンターキーの入力を監視して、エンターキーが押されたときに実行ボタンがクリックされたときと同じ処理を実行できるようにしてみましょう。

useEffect の型定義にコードジャンプすると、次のような型であることがわかります。

```
type EffectCallback = () => (void | Destructor);
type Destructor = () => void | { [UNDEFINED_VOID_ONLY]: never };
type DependencyList = ReadonlyArray<any>;

function useEffect(effect: React.EffectCallback, deps?: React.DependencyList | undefined): void
```

useEffect の第1引数 **effect** は、返り値が **void** または **() => void** となる関数を期待されており、第2引数 **deps** は **undefined** あるいはany型の配列が期待されていることがわかります。

useEffect は、アンマウント時にクリーンアップが必要な場合は第1引数から関数を返す必要があり、不要な再実行を避けるために第2引数に依存配列を渡せる仕様ですが、そのまま型に反映されていることがわかります。

今回の例では、次のように書くことができます。記述方法自体はJavaScriptで書く場合と比べて特に大きな変更点はありません。

SAMPLE CODE src/libs/PasswordForm.tsx

```
- import { VFC, useState, ChangeEvent } from 'react'
+ import { VFC, useCallback, useEffect, useState, ChangeEvent } from 'react'
  // 省略
  export const PasswordForm: VFC<Props> = ({ onSubmit }) => {
    // 省略
+
+   const handleKeyDown = useCallback((e: KeyboardEvent) => {
+     if (e.key === 'Enter') {
+       onSubmit(value)
+     }
+   }, [value])
+
+   useEffect(() => {
+     document.addEventListener('keydown', handleKeyDown)
+     return () => document.removeEventListener('keydown', handleKeyDown)
```

```
+   }, [handleKeyDown])
+
//  省略
}
```

キーボードイベントを監視するため document.addEventListener を実行しています
が、コンポーネントのアンマウント時にイベントが削除されるように document.removeEvent
Listener を実行する関数を返しています。これは useEffect の型定義における Destru
ctor に当たる処理です。

useCallback がどのような型になっているかも簡単に見ておきましょう。 useCall
back は次のように型定義されています。

```
function useCallback<T extends (...args: any[]) => any>(callback: T, deps: DependencyList): T;
type DependencyList = ReadonlyArray<any>;
```

useCallback の第1引数は、任意の引数を持ち、任意の変数を返せる関数になってい
ます。 extends されているため、関数の型は任意の型に変更できます。

第2引数は、この関数が依存している値を ReadonlyArray で渡せるようになっていま
す。配列の中の値はany型なので、任意の型の値が渡せます。

上記の例に戻りましょう。 useCallback の型定義と合わせて実装を読み解くと、第1引数
callback には (e: KeyboardEvnet) => void 型の関数を指定しており、第2引数
deps にはstring型の value を含む配列 [value] を指定しています。 handleKeyDown
は (e: KeyboardEvent) => void 型の関数と推論されます。

▶「PasswordForm」コンポーネントの使用例

最後に、これまでと同じようにサンプルの一覧を実装しているコンポーネントに Password
Form コンポーネントを配置しましょう。

SAMPLE CODE src/App.tsx

```
//  省略
+ import { PasswordForm } from '../libs/PasswordForm'

export const App = () => {
  return (
    <>
      //  省略
+     <PasswordForm onSubmit={(password) => console.log(password)} />
    </>
  )
}
```

ここでは onSubmit に渡すコールバック関数は入力されたパスワードをログ出力するのみ
に留めていますが、password を利用する任意の処理を追加する汎用的なコンポーネントが
できました。

まとめ

本章では、TypeScriptをReactと一緒に使う方法を、実際にUIコンポーネントを作成しながら学んできました。

ReactのAPIやコンポーネントのpropsを型によって制限することで、意図しない使われ方を防いだり、誤ったpropsを渡してしまうこと防いだりできるのを体感してもらえたのではないでしょうか。

ここでは紹介しませんでしたが、ContextやReduxなどのデータストアを利用する際にも、型の恩恵を大きく受けることができます。

Text 、Heading 、Button 、Textarea 、Input といった基本的なHTML要素に当たるコンポーネントを実装してきましたが、さらにTypeScriptを学ぶために、本章で作成したコンポーネントを拡張したり、新たなコンポーネントを自分で実装してみるのもよいでしょう。

アイディアに困ったときのために、いくつか拡張例を記載しておこうと思います。

▌ 「Button」コンポーネント

button 要素にあたるコンポーネントですが、disabled 属性が実装されていません。条件を満たしていない場合に、ボタンを押せないように拡張してみるとよいでしょう。

▌ 「PasswordForm」コンポーネント

ボタンを押したときに実行されるコールバック関数を渡すpropsを onSubmit: (password: string) => void としましたが、パスワードを使ったこの後の処理は、サーバーに何らかのリクエストを送信するなど、非同期処理の可能性があります。

返り値を onSubmit: (password: string) => Promise<T> のようにしてみるのもよいかもしれません。

APPENDIX

TypeScriptの型や
構文

APPENDIXでは、本書で紹介したTypeScriptの型
や構文をピックアップして改めて解説します。

TypeScriptの型や構文の紹介

CHAPTER 01〜05で解説した型や構文をおさらいしましょう。

▌▌▌基本型

CHAPTER 02で紹介した基本的な型です。

```typescript
/* string 型 */
const stringValue: string = 'Michael Jackson'

/* number 型 */
const numberValue: number = 20

/* boolean 型 */
const booleanValue: boolean = true

/* 配列型 */
const arrayValue1: string[] = ['John', 'Paul']
const arrayValue2: Array<string>= ['John', 'Paul']

/* undefined 型 */
const undefinedValue = undefined

/* null 型 */
const nullValue = null

/* 関数型 */
const sayHello: (name: string) => void = (name: string): void => {
  console.log(`Hello, ${name}!`)
}

/* オブジェクト型 */
const person: {
  name: string
  age: number
  height?: number
} = {
  name: 'Michael Jackson',
  age: 20,
}

/* any 型 */
let anyValue: any = 'any value'
anyValue = 20
```

interface

オブジェクトの型を名前付きで表現するための機能です。型の継承には **extends** を使用します。

```
interface Person {
  name: string
  age: number
  walk: () => void
}

interface SuperMan extends Person {
  fly: () => void
}
```

型エイリアス

特定の型にエイリアスを貼る機能です。オブジェクト型の型を宣言する場合に、interfaceの代わりに使われることもあります。

交差型（ **&** ）を使うことでinterfaceの **extends** も代替できます。

```
type Person = {
  name: string
  age: number
  walk: () => void
}

type SuperMan = Person & {
  fly: () => void
}
```

Class

TypeScriptでClassを利用する際は、フィールドの宣言をする必要があります。**constructor** で **public** 、 **private** などの修飾子を付けることでフィールドの宣言を省略できます。

```
class Person {
  fullName: string

  constructor(firstName: string, lastName: string, public age: number) {
    this.fullName = `${firstName} ${lastName}`
  }
}

const person = new Person('John', 'Lennon', 40)

console.log(person.fullName) // 'John Lennon'
console.log(person.age) // 40
```

A TypeScriptの型や構文

abstract／implements

　型のみが表現された、抽象クラスや抽象メソッドを宣言するための機能です。個別の具体クラスでは、抽象化された型に従って実装をすることになります。

```
abstract class Animal {
  abstract walk: () => void
}

class Human implements Animal {
  walk() {}
  speak() {}
}

class Dog implements Animal {
  walk() {}
  bark() {}
}
```

ユニオン型

　「or」を表す型です。

```
class Car {}
class Bicycle {}

let vehicle: Car | Bicycle
vehicle = new Car()
vehicle = new Bicycle()
```

never型

　どんな値も入らないことを示す型です。通過することを想定していない箇所で使用して、実装の考慮漏れをコンパイルエラーで事前に検知するなどが主な活用方法です。

```
const getPart = (memberName: 'John' | 'Paul' | 'George' | 'Ringo') => {
  switch (memberName) {
    case 'John':
      return 'guitar'
    case 'Paul':
      return 'guitar'
    case 'George':
      return 'bass'
    case 'Ringo':
      return 'drums'
    default:
      const neverValue: never = memberName
      throw new Error('不正な値です')
```

▼

```
  }
}
```

型アサーション

`as 型名` のシンタックスで、型の解釈を恣意的に指定できる機能です。適切な場面で使わないと、バグの温床となるので気を付けましょう。

```
type Person = {
  name: string
  age: number
}

const person = JSON.parse("{\"name\":\"Michael Jackson\",\"age\":20}") as Person
```

ジェネリクス

関数における引数のように、型を動的に扱うための機能です。 `<>` のシンタックスで表現します。

```
// API からの返り値の型を動的に作るための型
type ApiReturnType<T> = {
  ok: boolean
  data: T
}

type FetchUser = ApiReturnType<{ id: number; name: string }>
type FetchPost = ApiReturnType<{ id: number; title: string }>
```

タプル型

それぞれのインデックスの型が決められている、固定長配列の型です。配列に対して `as const` を使用することでタプル型に変換できます。

```
// タプル型の宣言
type Suits = ['diamond', 'heart', 'club', 'spade']

// 配列に対して as const を使うことでタプル型化できる
const arrayNumbers = [1, 2, 3]              // number[] 型
const tupleNumbers = [1, 2, 3] as const // [1, 2, 3] 型
```

typeof

特定の値の型を取得するシンタックスです。ランタイム上での **typeof** とは役割・挙動が異なります。

```
const sayHello = (name: string) => {
  console.log(`Hello, ${name}!`)
}
// (name: string) => void 型を取得
type SayHello = typeof sayHello
```

インデックスシグネチャ

オブジェクト型のキーをstring型またはnumber型とするためのシンタックスです。

```
type Band = {
  [key: string]: { part: string }
}
```

Mapped Types

文字列・数値のユニオン型からオブジェクト型のキーを動的に決定するためのシンタックスです。

```
type Member = 'John' | 'Paul' | 'George' | 'Ringo'
type Band = {
  [key in Member]: { part: string }
}
// Band 型は、次のような型を宣言しているのと同じ
// type Band = {
//   'John'   : { part: string },
//   'Paul'   : { part: string },
//   'George' : { part: string },
//   'Ringo'  : { part: string },
// }
```

keyof

keyof T で **T** インターフェース、もしくは **T** オブジェクトのプロパティ名のユニオン型を取得できます。

```
interface Dog {
  name: string
  age: number
  weight: number
}

type DogKey = keyof Dog // 'name' | 'age' | 'weight'
```

01
02
03
04
05

A

TypeScriptの型や構文

列挙型（enum）

列挙型（enum）は、関連する値の集合を表現できます。

```
enum Color {
  Red,
  Green,
  Blue,
}

let color: Color
color = Color.Red
color = Color.Green
color = 'Purple' // Type '"Purple"' is not assignable to type 'Color'
```

ただし、列挙型はさまざまな理由で推奨されておらず、列挙型を使用したい際には別のやり方で代替する方法も解説しました。

```
const colorMap = {
  Red: 'Red',
  Green: 'Green',
  Blue: 'Blue',
} as const

type Color = typeof colorMap[keyof typeof colorMap] // 'Red' | 'Green' | 'Blue'

let color: Color
color = colorMap.Red
color = colorMap.Green
color = 'Purple' // Type '"Purple"' is not assignable to type 'Color'
```

Assertion Functions

Assertion Functionsは特定の値を引数として渡した関数の中でエラーが発生しなかった場合は、それ以降のコードで引数に渡された値の型を定義できる関数です。

```
function toUpper(value: unknown) {
  assertIsString(value)
  return value.toUpperCase() // value の型が string になる
}

function assertIsString(value: any): asserts value is string {
  if (typeof value !== 'string') {
    throw new Error('value is not a string.')
  }
}
```

受け取った値の型が定義できない場合や信用できない場合に、**as** による型アサーションを使わずにランタイムでも安全な型定義を行うことができます。

unknown型

unknown型は、any型と同じようにどのような値でも代入できる型です。any型との違いは、any型として扱われる値はどんな型の値でも許容して使用できるのに対して、unknown型はどんな型の値でも許容はするが使用はできないというところです。

つまり「この値はどのような型が入ってくるかわからないので使用しない」ということを明示できます。

```
const unknownValue: unknown = {
  name: 'John'
}


unknownValue.name // エラー (Object is of type 'unknown'.)
```

Conditional Types

条件分岐を使って柔軟な型定義をできるようにする機能です。`T extends U ? X : Y`というシンタックスで、`T` が `U` に代入可能であれば `X` の型に、そうでなければ `Y` の型になるということを表します。

```
type MessageOf<T> = T extends { message: unknown } ? T['message'] : never

interface Email {
  message: string
}

interface Dog {
  bark(): void
}

type EmailMessage = MessageOf<Email> // string
type DogMessage = MessageOf<Dog> // never
```

Utility Types

既存の型を変換して新しい型を得るための便利な型が用意されています。いくつかをピックアップして紹介します。

▶ Partial<Type>

`Partial` は `Type` に含まれるすべてのプロパティをオプショナルにします。

```
type Person = { name: string, age: number }
const person: Partial<Person> = {} // 型: { name?: string; age?: number }
```

この例では、`person` の型は `{ name?: string; age?: number }` となっているので、空のオブジェクトを代入しても型エラーは発生しません。

▶ Required<Type>

Required は Type に含まれるすべてのプロパティを required にします。

```
type Person = { name: string, age?: number }
const person: Required<Person> = { name: 'John', age: 40 } // 型: { name: string; age: number }
```

Required によって、オプショナルであったプロパティ age?: number は required なプロパティになり、Required<Person> 型では age プロパティがないと型エラーが発生します。

▶ Omit<Type, Keys>

Omit は Type に含まれるプロパティから Keys を除いたプロパティを含む型を作成します。Keys は | を用いて複数指定することもできます。

```
type Person = { name: string, age: number, bloodType: string }
const person1: Omit<Person, 'bloodType'> = { name: 0, age: 0 } // 型: { name: string; age: number }
const person2: Omit<Person, 'age' | 'bloodType'> = { name: 0 } // 型: { name: string }
```

▶ その他のUtility Types

他にもさまざまな便利なUtility Typesがあります。詳しくは公式ページを参照してください。

URL https://www.typescriptlang.org/docs/handbook/utility-types.html

近年、Webフロントエンドの技術は凄まじい速度で進化してきました。JavaScriptという言語は、もともとはWebページにちょっとした動きをつけるだけのものでしたが、Single Page Applicationとして JavaScriptだけでアプリケーションを作れるようになり、今ではサーバーサイドやIoT（(Internet of Things)）デバイスでも JavaScriptが使われるようになりました。

JavaScriptが使われる領域がどんどん広がるつれて、1つひとつのアプリケーションの規模や複雑性も増していくことになります。そしてそれに伴って、静的型付けのありがたみも同じように増えていきます。

本著で作ったアプリケーションは、実際のプロダクト開発から考えればとても規模の小さいものではありますが、それでも JavaScriptで書くのと比べて多くのメリットを感じられたかと思います。そしてアプリケーションの規模が大きくなればなるほど、インターフェースを型で縛ること、値がnullやundefinedになり得ることを伝えてくれることなどのありがたみをより感じられるでしょう。

ところで、今回の書籍を共著した我々3人は、株式会社SmartHRという企業でともに働く同僚です。私達の会社は多くのプロダクトを開発していますが、ほぼすべてのプロダクトがTypeScriptを使ってフロントエンドのコードが書かれています。それぞれのプロダクトがそれなりの規模であり、かつ最短で半年に1回のスパンでチームの異動がある弊社ですが、その中でTypeScriptが果たしている役割は非常に大きいです。大げさに感じられるかもしれませんが、もしこれらがJavaScriptで書かれていたら、小規模だったころと同じスピード感で開発し続けることはできなかったでしょう。

TypeScriptはJavaScriptのファイルもそのまま許容できるという点から、ライトに使い始めることができます。まずはとりあえずプロダクトに導入してみて、その便利さを感じてみていただきたいと思います。また逆に、いろいろなライブラリの型定義を見てみると、とてもひと目見ただけでは理解できない難解な（俗に型パズルと呼ばれる）型定義によって柔軟な型を実現している例もあり、TypeScriptの世界の深みを感じられるので、慣れてきたらぜひ、いろいろなライブラリの型定義を見てみてください。

そしてプロダクト開発の中でTypeScriptを使いこなした後の次のステップとして、Definitely TypedへのPull Requestを出すというのもおすすめです。npmにはまだ型定義が存在しないライブラリも多く存在しており、そのようなライブラリの型定義をしてみるというのも、TypeScriptへの理解を深めることに非常に役に立つでしょう。

最後に、この書籍が読者の皆さんの型のあるプログラミングライフの最初の一歩として、役に立てることを願っています。

2021年10月

著者一同

INDEX

記号

_	201
&	90,277
#	77
|	80
.d.ts	178
.js	19,235
.jsx	235,238
.ts	19
.tsx	238

A

abstract	136,278
Ambient Declarations	181
any型	39,276
Array<>	29
as	94
as const	111,112,186,279
Assertion Functions	214,281
async	63
Asynchronous module definition	148
await	63

B

Babel	20
BigInt	45
bigint型	28,45
boolean型	29,45,276
Browserify	148

C

Class	277
Class Fields	69
CommonJS	147
Conditional Types	225,282
const	51
Contextual Typing	49

D

declaration merging	91
declare	181
DefinitelyTyped	178,180
DOM API	165
Don't repeat your self.	108
dragula	197
DRY	108

E

ECMAScript	12
ECMAScript Modules	149
enum	182,281
export	145
export default	146
extends	90,106,138

F

FC	247
Function Component	247

G

Generics	100

I

implements	136,139
import	145
Index Signature	130
interface	41,89,139

J

JavaScript	12
JSON.parse	213
JSON.stringify	211

K

keyof	185,280

L

let	51
literal type widening	53,111
localStorage	209

M

Mapped Types	132,280
Model-View-Controller	163
MVC	163

N

never型 ································ 83,278
Node.js ································ 22,60
npm ····································· 19
null型 ································· 30,276
null許容 ································ 159
number型 ························· 27,45,276

O

object型 ································ 34
Omit ································· 256,283
osascriptコマンド ····················· 61

P

package.json ················ 58,161,230
Partial ······························ 256,282
Polyfill ································· 14
private修飾子 ····················· 74,277
Promise ································ 63
protected修飾子 ···················· 75
public修飾子 ····················· 75,277

R

React ································· 234
react-dom ····························· 234
React.FC ······························ 247
React.VFC ····························· 247
Readonly ······························ 256
readonly修飾子 ···················· 38,76
Required ····························· 256,283
RequireJS ····························· 148

S

strict ································· 25
strictNullChecksオプション ··········· 30
string-length ························· 264
string型 ························· 27,45,276
styled-components ·············· 234,246
symbol型 ································ 45

T

Tagged Template Literal ············· 246
tsconfig.json ········ 20,24,155,201,235

tsc

tsc -wコマンド ························· 59
tscコマンド ························· 19,22
ts-loader ····························· 154
tsserverコマンド ······················ 19
type ·································· 86
Type Alias ····························· 86
type assertion ························ 94
typeof ························· 109,186,280
TypeScript ························· 15,16,18
TypeScript Compiler ·················· 22

U

undefined ····························· 45
undefined型 ················· 30,45,276
Universally Unique Identifier ········ 177
unknown型 ························· 226,282
useEffect ····························· 271
useState ····························· 260
Utility Types ···················· 256,282
uuid ································· 177
UUID ································· 177

V

VFC ································· 244,247
Visual Studio Code ··················· 18
Void Functional Component ·········· 244
Void Function Component ············ 247
void型 ································· 33

W

webpack ························· 149,150
webpack-cli ··························· 152
wscriptコマンド ······················· 61

あ行

安全なコード ··························· 18
アンビエント宣言 ······················ 181
インターフェース ······················ 41
インデックスシグネチャ ············· 130,280
永続化 ································· 209
エディタ ································ 18
オブジェクト ··························· 34
オブジェクト型 ··············· 35,37,46,276
オプショナル ··························· 37

か行

拡張子	19
型	16,26,276
型アサーション	94,186,279
型アノテーション	19,26
型エイリアス	86,89,277
型キャスト	96
型システム	16
型推論	44
型チェック	19
型定義ファイル	178
型の継承	107
型を当てる	26
関数型	32,47,276
具象クラス	136
クラス	65
継承	107
交差型	277
後方互換性	14
コードジャンプ	166
コンパイラ	14
コンパイル	19

さ行

ジェネリクス	100,279
式	47
真偽値	45
シンタックスルール	36
シンボル	45
数値	45
数値列挙型	182,185
スーパーセット	14
静的型付け	17
ソースマップ	20

た行

タプル型	110,279
抽象クラス	135,278
抽象メソッド	135,136,278
データ型	16
動的型付け	17
導入コスト	18
ドラッグ&ドロップ	197

は行

配列型	29,46,276
バリデーション	79
引数	33
非同期処理	63
ファイルモジュール	145
プライベートフィールド	77
プリミティブ値	44
補完機能	18
本番用ビルド設定	230

ま行

命名規則	42
文字数	264
モジュール	144
モジュールバンドラー	149,150
文字列	45
文字列列挙型	183

や行

ユニオン型	159
ユニオン型	30,80,81,278

ら行

リテラル型	49,240,252,266
列挙型	182,281

■著者紹介

渡邉 比呂樹 (わたなべ ひろき)

大学卒業後、約2年間続けたバンド活動を引退しエンジニアに転身。Web制作会社・フリーランスを経て2018年にSmartHR社に入社。TypeScriptやReactでの開発を生業にする傍ら、個人の活動ではグラフィックス系のプログラミングに勤しむ。趣味は新しく始まるアニメに登場するキャラクターの外見を見て声優を予想すること。

鴇田 将克 (ときた まさかつ)

SmartHR社のフロントエンドエンジニア。コーディングはもちろん、食事や家事、買い物に筋トレなど日常のいたるところでポモドーロテクニックを取り入れるポモドーロ狂。ポモドーロのことはポモと呼ぶ。理由はかわいいから。水をあげすぎてサボテンを枯らした経歴と、水をあげなさすぎてサボテンを枯らした経歴がある。

森本 新之助 (もりもと しんのすけ)

大学院卒業後、ベンチャー企業を経てSmartHRへ入社。TypeScript、React、Vue.jsを使った開発を中心にフリーランスとしても活動中。開発環境とコードの地均しが好き。趣味はゲームとクラフトビールと写真撮影。

株式会社SmartHR

SmartHRは「入退社の書類作成」「社会保険・労働保険の各種手続き」などを、かんたん、シンプルにするクラウド人事労務ソフト「SmartHR」を開発しています。We are hiring!!
https://hello-world.smarthr.co.jp/

編集担当：吉成明久 / カバーデザイン：秋田勘助（オフィス・エドモント）

手を動かしながら学ぶ TypeScript

2021年11月26日　初版発行

著　者	渡邉比呂樹、鴇田将克、森本新之助
発行者	池田武人
発行所	株式会社　シーアンドアール研究所
	新潟県新潟市北区西名目所4083-6（〒950-3122）
	電話　025-259-4293　　FAX　025-258-2801
印刷所	株式会社　ルナテック

ISBN978-4-86354-355-3　C3055
©Hiroki Watanabe, Masakatsu Tokita, Shinnosuke Morimoto, 2021

Printed in Japan